解密经典

无声的侍卫——
利刃

★★★★★ 崔钟雷 主编

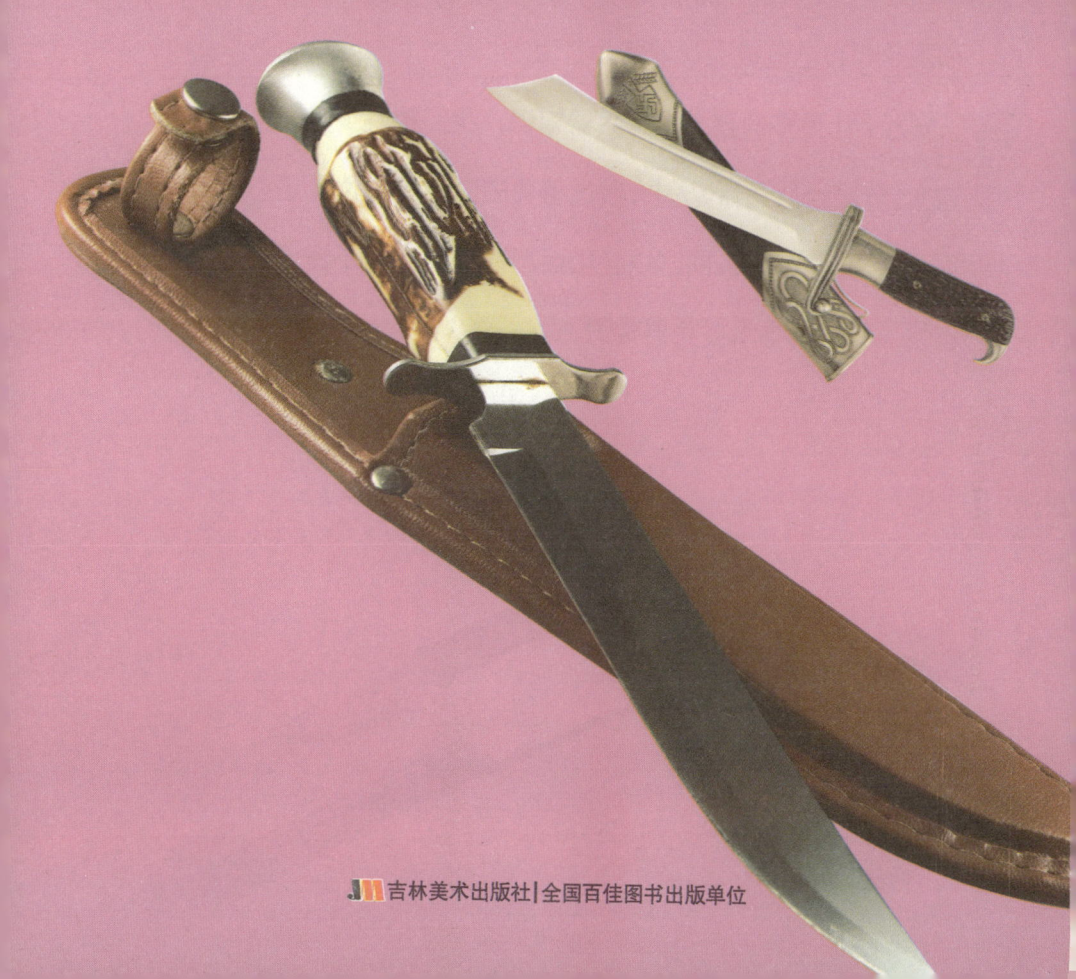

吉林美术出版社 | 全国百佳图书出版单位

前言
QIAN YAN

　　世界上每一个人都知道兵器的巨大影响力。战争年代,它们是冲锋陷阵的勇士;和平年代,它们是巩固国防的英雄。而在很多小军迷的心中,兵器是永恒的话题,他们都希望自己能成为兵器的小行家。

　　为了让更多的孩子了解兵器知识,我们精心编辑了这套《解密经典兵器》丛书,通过精美的图片为小读者还原兵器的真实面貌,同时以轻松而严谨的文字让小读者在快乐的阅读中掌握兵器常识。

编 者

目录 MULU

第一章 暗影杀手——匕首

- 8　冷钢匕首
- 10　巴克匕首
- 14　卡巴匕首
- 18　蜘蛛匕首
- 20　托普斯匕首
- 24　马国森匕首
- 26　微技术匕首
- 28　安大略匕首
- 32　挺进者匕首
- 34　戈博匕首
- 38　蝴蝶匕首
- 40　史密斯-韦森匕首
- 42　MOD防御大师匕首
- 44　哥伦比亚河匕首
- 46　奥托匕首
- 50　夜魔匕首
- 52　克里斯里夫匕首
- 54　卡美卢斯匕首

56　关兼常匕首
58　博克匕首

第二章 隐身刺客——折刀

62　冷钢折刀
66　巴克折刀
68　蜘蛛折刀
72　微技术折刀
74　爱默生折刀
76　哨格折刀
78　戈博折刀
80　蝴蝶折刀
84　MOD 防御大师折刀
86　哥伦比亚河折刀
88　博克折刀

第三章 千古流芳——古刀剑

92	大马士革刀
96	日本刀
100	中国刀剑
102	马来克力士剑
104	廓尔喀弯刀
106	罗马短剑
108	索林根刀

第一章
暗影杀手——匕首

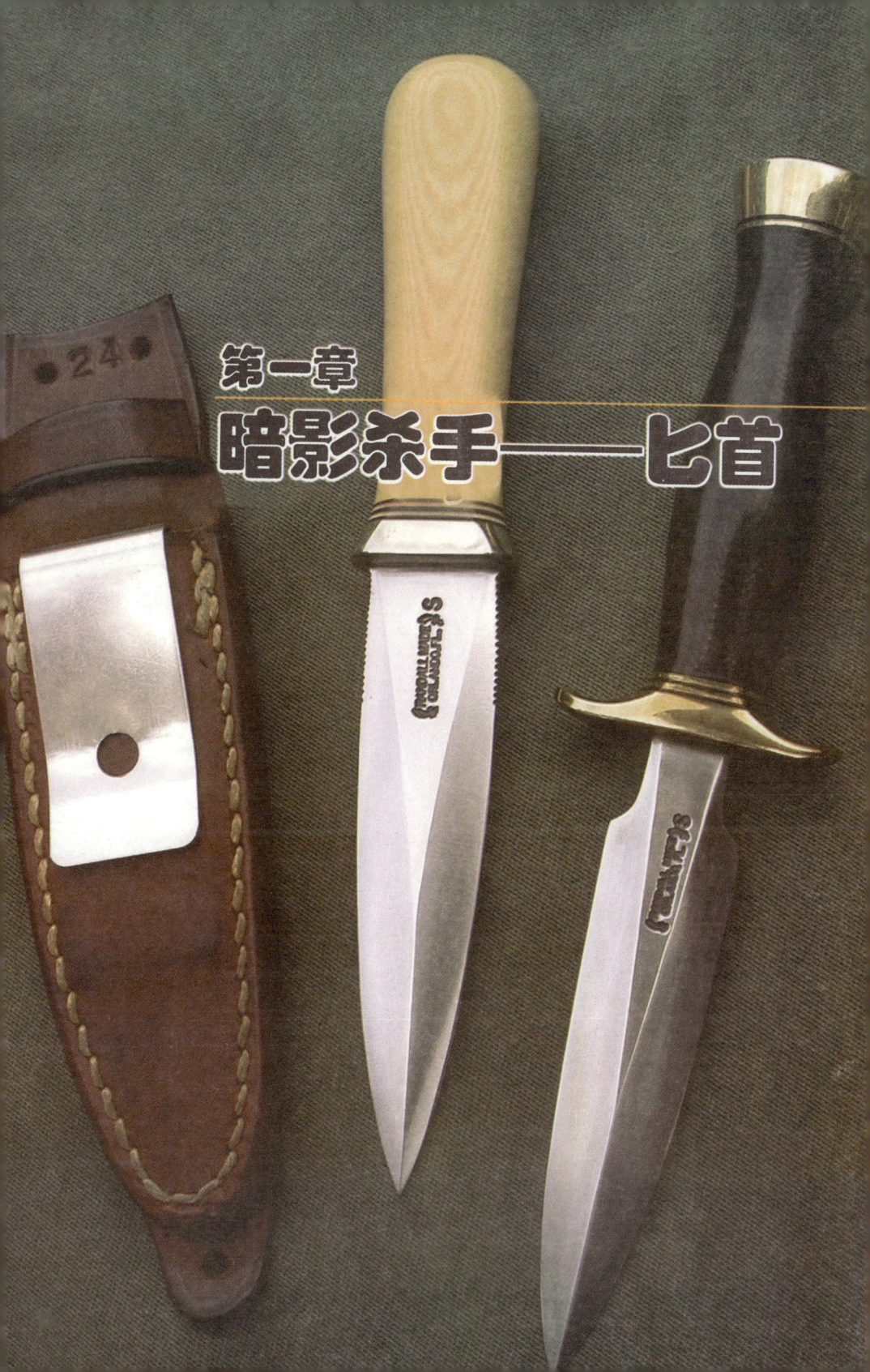

解密经典兵器

冷钢匕首

物超所值

冷钢公司一直致力于生产高性能的刀具,并要求每一把出厂的刀具性能都必须超过它的价格,即物超所值。同时,冷钢公司一直在寻求刀具制作材料与人体工程学的完美结合。

机密档案

名称:冷钢匕首
生产商:美国冷钢刀具公司
类型:战斗直刀
常用工艺:镜光 + 雕花
品质:刃口锋利、经久耐用

精益求精

冷钢公司将大量的科研精力投入匕首的设计中,以兑现"物超所值"的承诺。这些研究包括断面、厚度、人体工程学设计、握把舒适度、钢材合成和热处理等。细节的优化使冷钢匕首达到了最佳的整合效果。

"千锤百炼"

每一把冷钢匕首都是品质的保证。在锻造的过程中,冷钢匕首经历了"千锤百炼",这样制造出来的匕首,握持舒适,锋利无比。

解密经典兵器

巴克匕首

使用体验

在美国人的心目中,巴克匕首占有不可替代的主导地位,它优越的性能和可靠的品质是其他刀具无法比拟的。每一个拥有巴克匕首的人都能够感受到传统、简单的设计带来的舒适使用体验。巴克匕首的刃材为高碳、高铬的不锈钢,能使其刀刃长久地保持硬度和锋利度,即便是传真纸,也能被横切成丝。

你知道吗?

巴克匕首可以轻松切断麻绳。在经过了长时间、高强度的使用后,巴克匕首依然锋利如初。

无声的侍卫——利刃

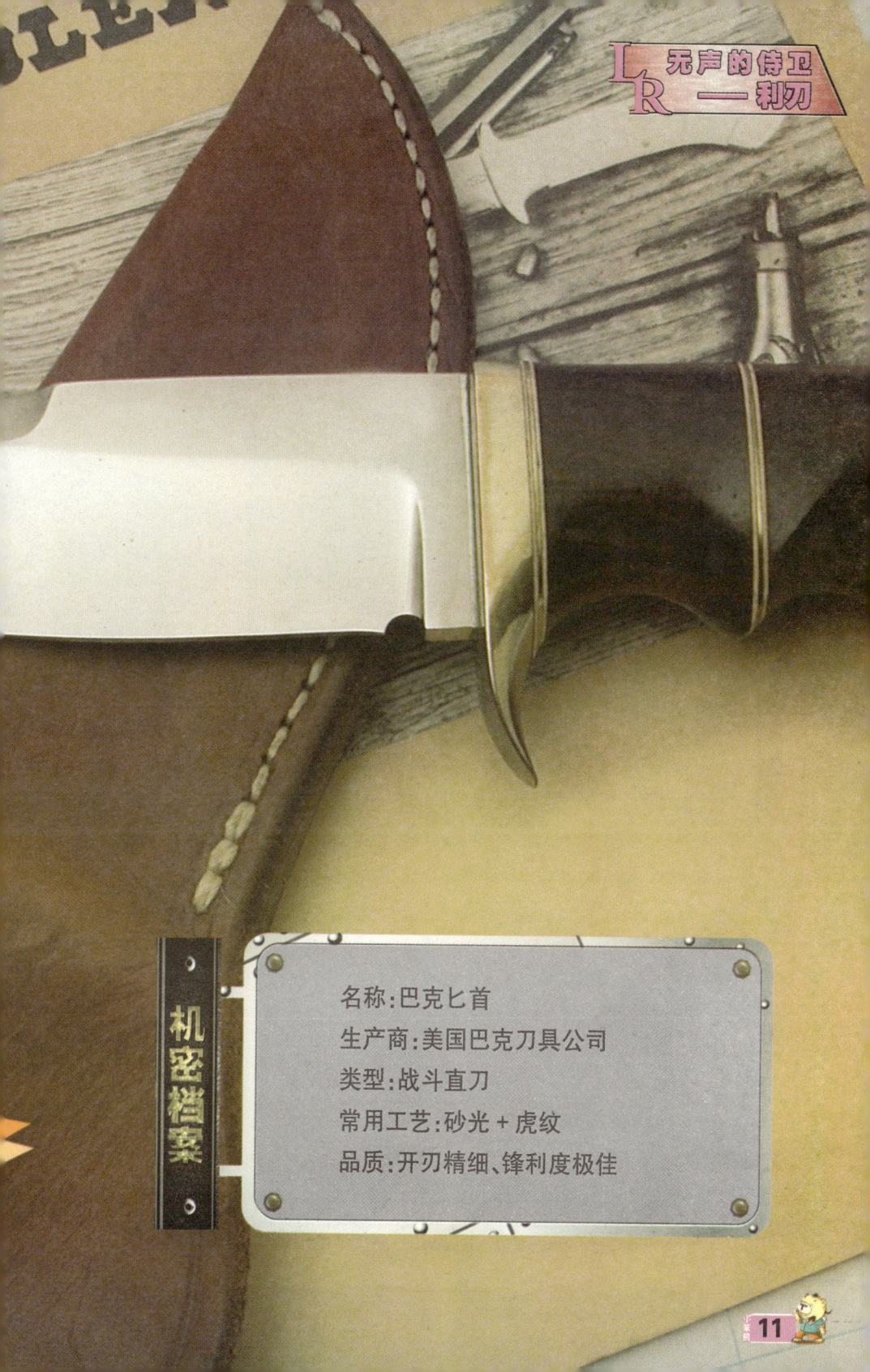

机密档案

名称：巴克匕首

生产商：美国巴克刀具公司

类型：战斗直刀

常用工艺：砂光＋虎纹

品质：开刃精细、锋利度极佳

解密经典兵器

设计特点

　　巴克匕首的几何设计一直为人称道。它的刀身和刀柄自然过渡，浑然一体。巴克匕首的刀柄采用塑胶防滑设计，握在手里牢固、舒适。刀鞘以高强度工程塑料为内衬，外裹尼龙材料，美观又耐用。

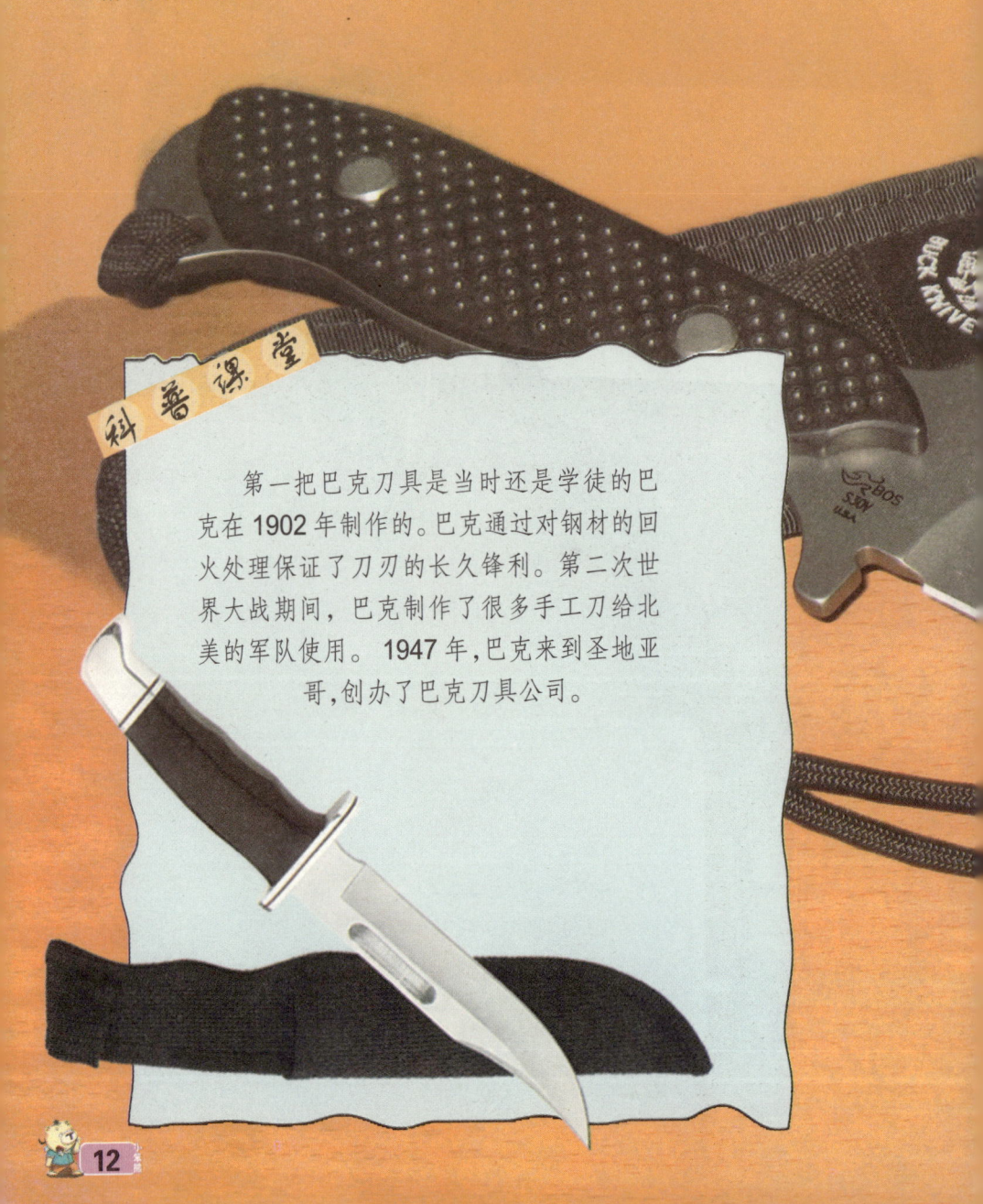

科普课堂

　　第一把巴克刀具是当时还是学徒的巴克在1902年制作的。巴克通过对钢材的回火处理保证了刀刃的长久锋利。第二次世界大战期间，巴克制作了很多手工刀给北美的军队使用。1947年，巴克来到圣地亚哥，创办了巴克刀具公司。

品质保证

　　巴克匕首锋利耐用,野外生存者可以用它切割食物、木材,甚至是劈砍柴薪,而且,巴克公司生产的刀具都是终身保修的,这为巴克品牌树立起了良好的信誉。

解密经典兵器

卡巴匕首

二战扬名

卡巴匕首在第二次世界大战中成名,并在此后的几十年间成为最受美国士兵欢迎的格斗刀。经过岁月的积淀和技术的积累,卡巴匕首依然焕发着耀眼的光芒,它仍然是很多美国海军陆战队队员近身格斗武器的第一选择。

机密档案

名称:卡巴匕首
生产商:美国卡巴刀具公司
类型:战斗直刀
常用工艺:表面镀铬 + 金色镭射标志
品质:军工制造,品质上乘

解密经典兵器

设计特点

卡巴匕首刀背呈流线型，刀刃为"S"形，刀尖则采用刨削设计，而且弯曲的造型也更利于发挥劈砍力量。

始终如一的品质

时代在变，卡巴匕首的设计思想也在变，但唯一不变的是卡巴匕首的可靠性和始终如一的高质量。获得广泛赞誉的卡巴匕首已经成为很多野外生存专家、户外运动爱好者和收藏家们的最爱。

无声的侍卫——利刃

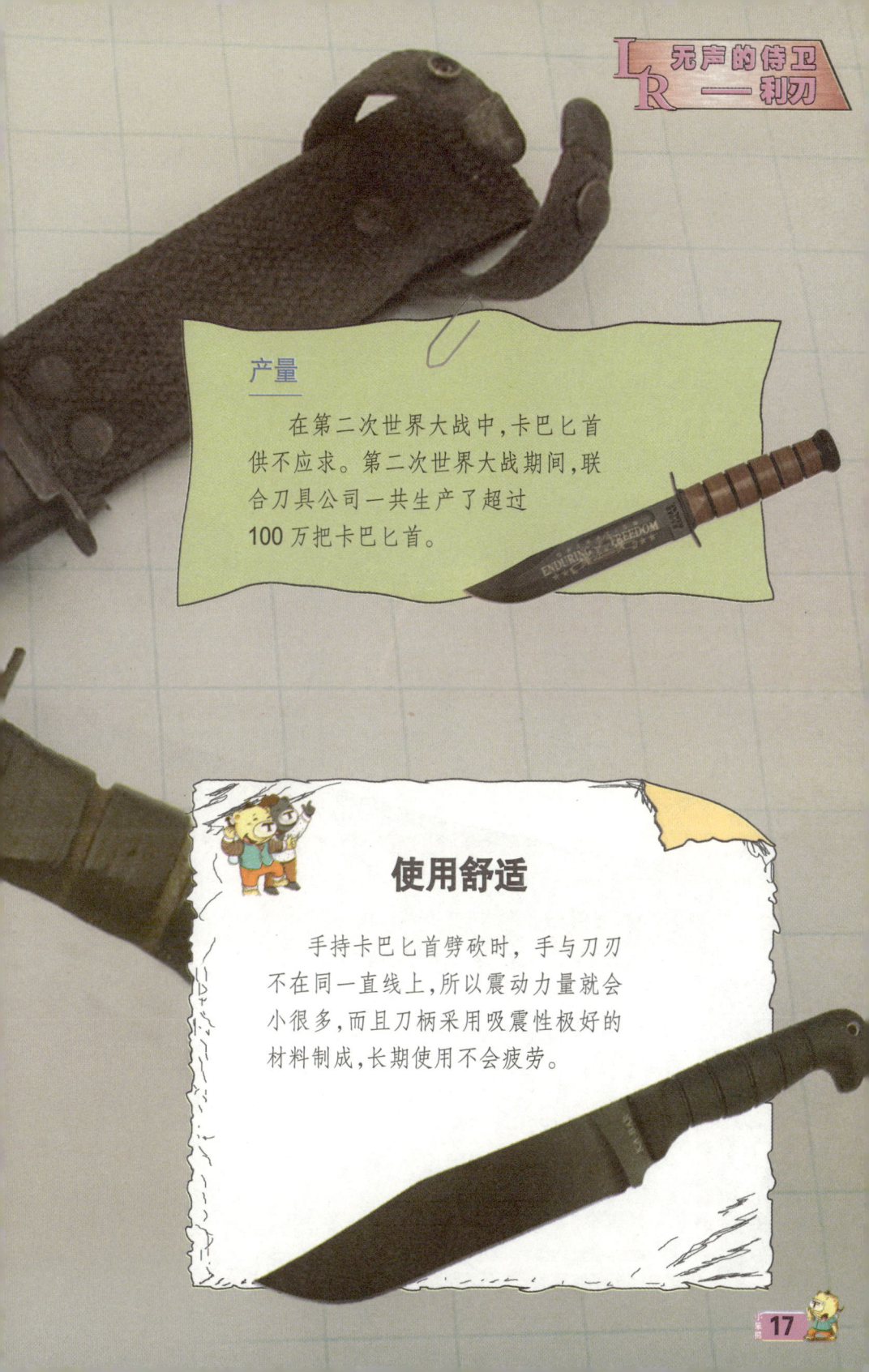

产量

在第二次世界大战中，卡巴匕首供不应求。第二次世界大战期间，联合刀具公司一共生产了超过100万把卡巴匕首。

使用舒适

手持卡巴匕首劈砍时，手与刀刃不在同一直线上，所以震动力量就会小很多，而且刀柄采用吸震性极好的材料制成，长期使用不会疲劳。

解密经典兵器

蜘蛛匕首

"标准创立者"

蜘蛛匕首是科技与创意的融合,同时又充满了艺术气息。在美国,蜘蛛匕首被称为"标准创立者"。创新的设计、精良的选材和完美的工艺,使蜘蛛匕首成为备受青睐的刀具产品。

机密档案

名称:蜘蛛匕首

生产商:美国蜘蛛刀具公司

类型:战斗直刀

常用工艺:表面镀黑色氧化物

品质:棱角分明、轻巧强悍

设计风格

蜘蛛匕首的刀身采用优质钢材制造,十分锋利,这也是蜘蛛匕首的强大优势之一。蜘蛛匕首的设计风格简约而不简单,其整体呈现出完美、简朴的自然风格。

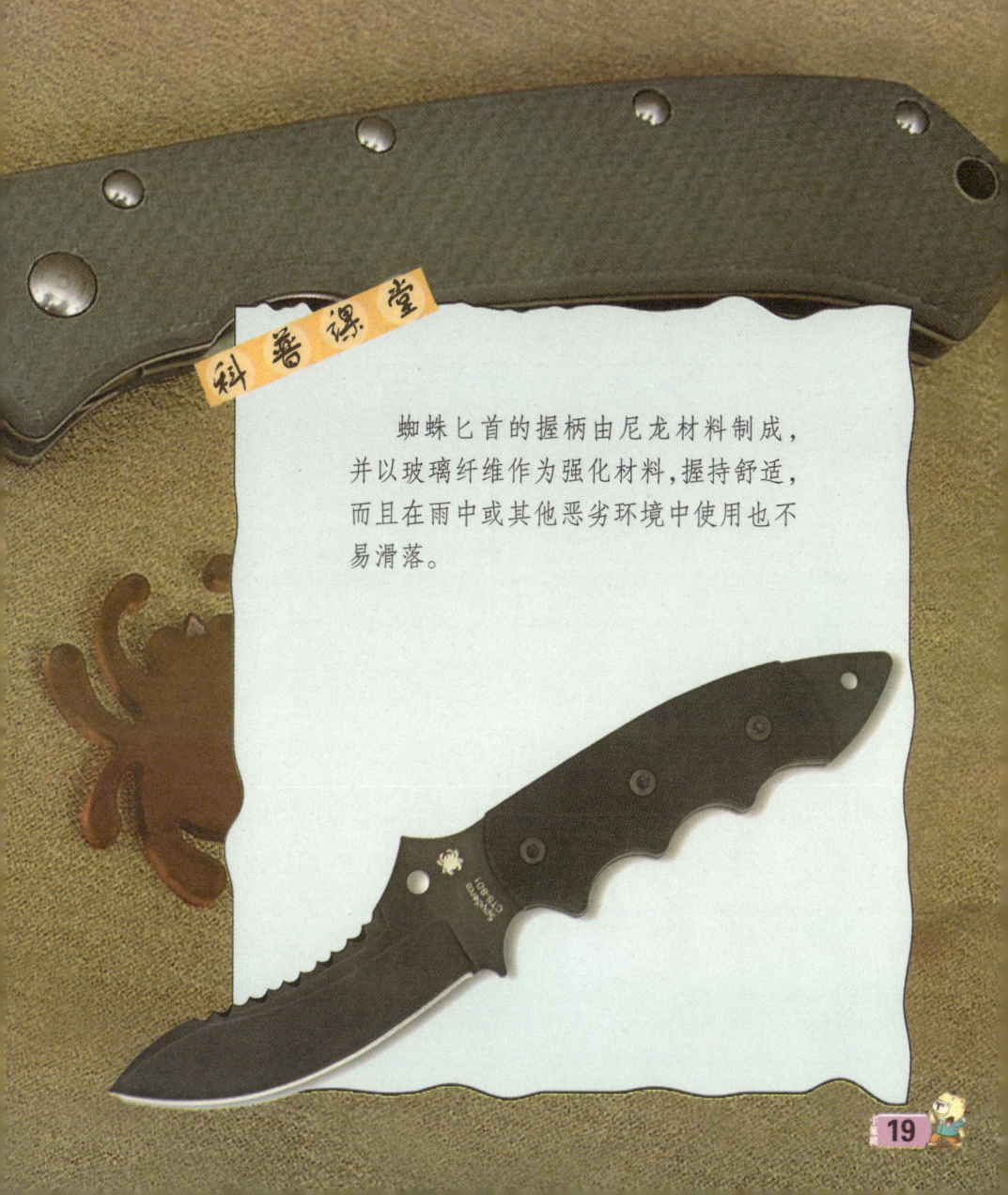

科普课堂

蜘蛛匕首的握柄由尼龙材料制成,并以玻璃纤维作为强化材料,握持舒适,而且在雨中或其他恶劣环境中使用也不易滑落。

解密经典兵器

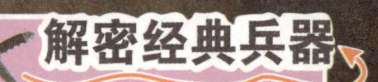

托普斯匕首

注重实用性

托普斯军火公司是美国一家著名的专业军刀制造公司,它所生产的军用匕首种类多、质量高,一度被认为已达到了匕首制造的最高水平。托普斯匕首坚固耐用,抛弃了对华丽外表的追求,而更加注重强度、力量和抗磨损能力等内在品质。

无声的侍卫——利刃

要求严格

　　托普斯匕首的品质评定标准非常苛刻，测试方式简直可以用野蛮来形容，这是因为托普斯匕首经常被用在作战、求生等艰苦的环境中和高要求的任务中。

解密经典兵器

锋利度

托普斯匕首能够完美地完成劈、砍、切等高强度动作,而且刀刃能够长久地保持较高的锋利程度。

性能出色

与设计精细的折刀相比,外形粗犷的直柄刀才是特种专业刀具的首选,它劈砍有力、出刀快和耐腐蚀等优点深受使用者喜爱。托普斯匕首更是集众家所长于一身,精湛的制造工艺,使得它在任何时候都能够表现出优秀的性能。

无声的侍卫——利刃

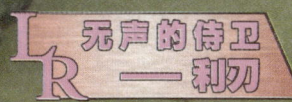

形影不离

托普斯公司专门为美国特种部队制造特制军刀。值得一提的是,阿帕奇机组人员全部配备托普斯匕首,可以说,托普斯匕首与阿帕奇机组人员形影不离。

M4X PUNISHER

机密档案

名称:托普斯匕首

生产商:美国托普斯军火公司

类型:战斗直刀

常用工艺:全刃镀黑钛

品质:精雕细琢、优质耐用

解密经典兵器

马国森匕首

"武士之刃"

马国森匕首风格独特,被众多刀具爱好者称为"武士之刃"。马国森匕首总是给人这样的感觉:温文尔雅中透着坚毅,内敛中带着王者之风。马国森匕首好似刀中儒者,有着一份难得的优雅气息。

机密档案

名称:马国森匕首
生产商:美国马国森刀具公司
类型:战斗直刀
常用工艺:砂光
品质:短小精悍、锋利无比

无声的侍卫——利刃

收藏价值

虽然马国森匕首有着极高的可靠性和实用性,但还是有拥有者不舍得使用马国森匕首,而是把它当成收藏级的刀具永久收藏。

科普课堂

马国森匕首符合人体工程学设计,使用舒适,而匕首高度的实用性和高品质的刀刃打磨工艺更是赢得了全世界使用者的高度评价。刀身、刀柄和护手紧密结合,坚固耐用,代表了当时军刀生产的最高水平。

解密经典兵器

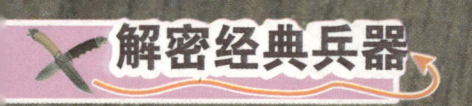

微技术匕首

经典名刀

　　微技术匕首全部采用由电脑控制的机床加工制造,可以最大限度地降低刀具制造过程中的误差和刀具加工过程中的差异。凭借自身独特的艺术气息和优良的做工,微技术匕首成为一代经典名刀。

机密档案

名称:微技术匕首
生产商:美国微技术刀具公司
类型:战斗直刀
常用工艺:刀身表面镀钛
品质:强悍大气、性能出众

无声的侍卫——利刃

宽阔的刀柄

微技术匕首刀柄宽阔，握持牢靠，保证了使用者在遇到危急情况时也能迅速出刀，即使戴着手套也能方便操作。

制造工艺

微技术选取成本较高的高科技合成钢材，并采用先进的锻造工艺制造刀身，在提供极度锋利的刀锋的同时，还保证刀刃出色的抗腐蚀性和耐磨损性。

解密经典兵器

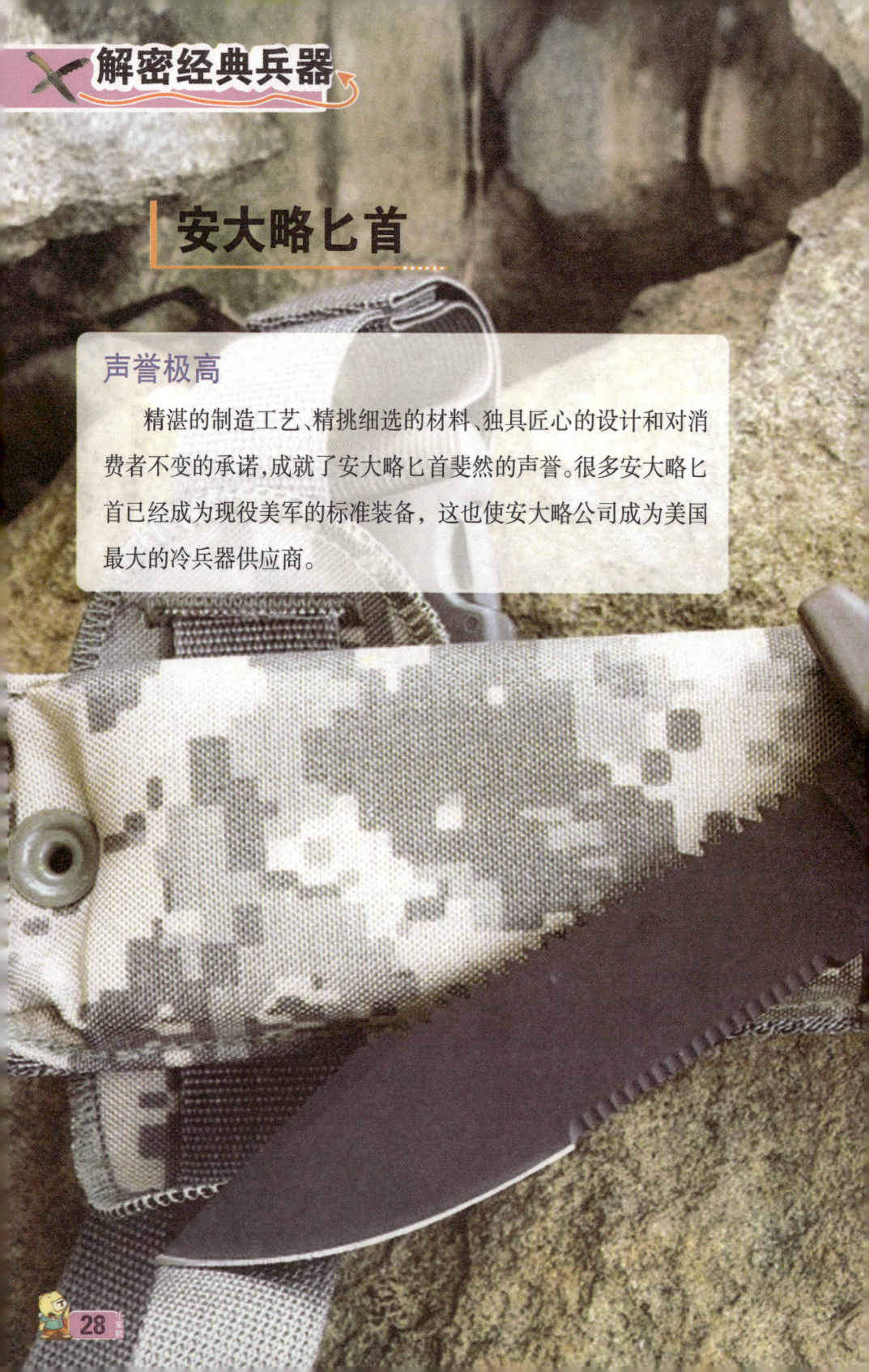

安大略匕首

声誉极高

精湛的制造工艺、精挑细选的材料、独具匠心的设计和对消费者不变的承诺,成就了安大略匕首斐然的声誉。很多安大略匕首已经成为现役美军的标准装备,这也使安大略公司成为美国最大的冷兵器供应商。

ASEK
Model 1 NSN: 4240-01-547-5933
Ontario Knife Co. USA
www.ontarioknife.com
oxygen

解密经典兵器

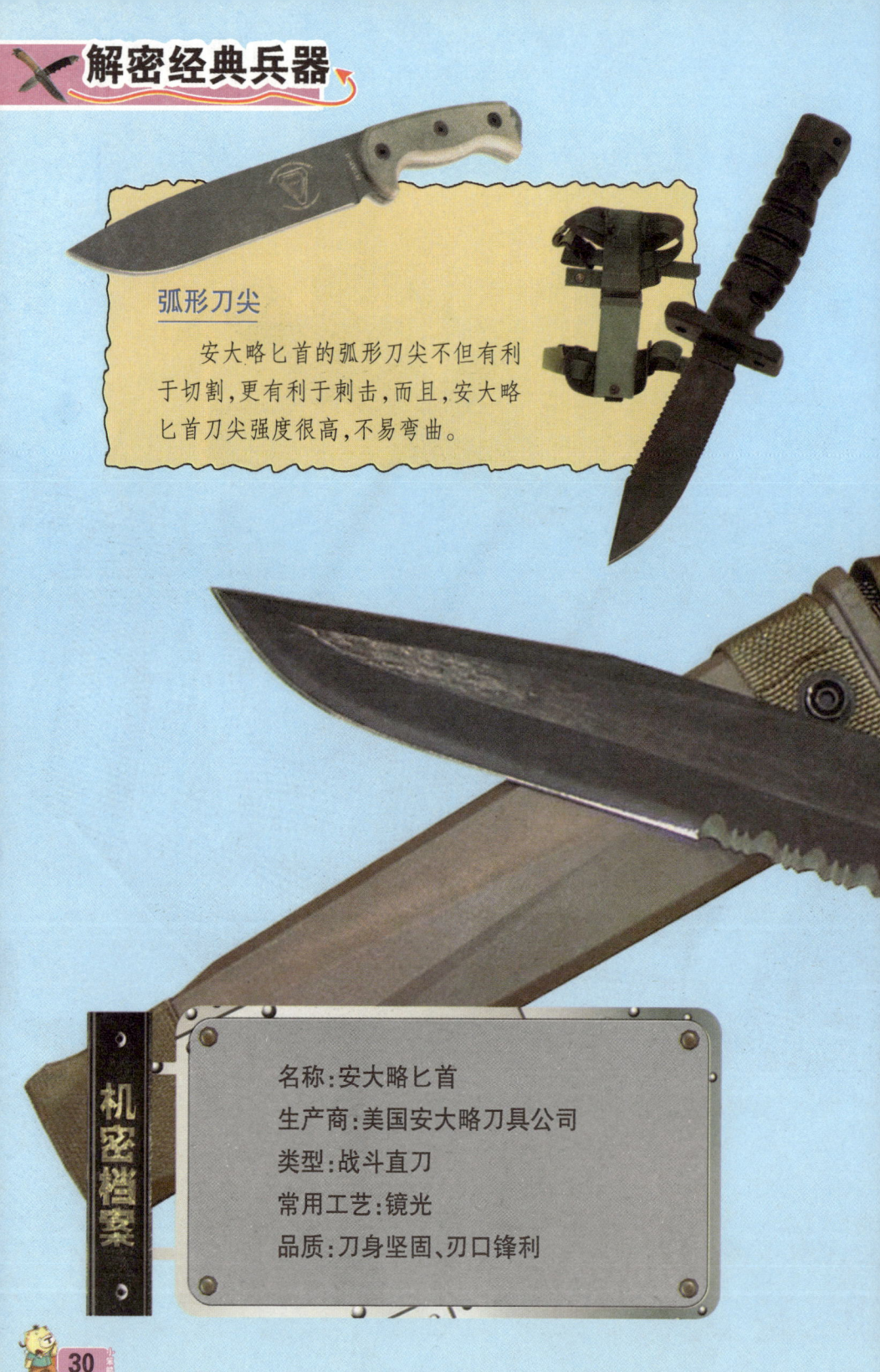

弧形刀尖

安大略匕首的弧形刀尖不但有利于切割,更有利于刺击,而且,安大略匕首刀尖强度很高,不易弯曲。

机密档案

名称:安大略匕首

生产商:美国安大略刀具公司

类型:战斗直刀

常用工艺:镜光

品质:刀身坚固、刃口锋利

无声的侍卫——利刃

品质保证

安大略匕首刀背至刀刃处经过削薄处理，可以有效地减轻刀身重量，但这并不会降低刀身的强度。

安大略军用刀

安大略公司是拥有广泛生产线的刀具生产商，可以生产各种切割器具，其中以军用刀最为出名。20世纪50年代以来，美国空军就一直使用安大略公司生产的各种军用刀具。

解密经典兵器

挺进者匕首

可靠搭档

挺进者公司采用优质的钢材,结合优异的热处理技术,制造出符合战场需求、容易保养的刀具。挺进者匕首凭借可靠的性能和出色的适应能力被誉为"美国特种兵最可靠的搭档"。

科普课堂

挺进者匕首最独特的设计就是将军用伞绳缠绕在刀柄上,而且还预留出一段可以套在手上的绳套,保证匕首不会从使用者手中滑落。

无声的侍卫——利刃

流线型刀身

挺进者匕首刀身线条流畅,刀身与刀柄的过渡非常自然,这样的设计造就了挺进者匕首令人倾倒的华丽外形,这也是很多刀迷钟情于挺进者匕首的原因之一。

机密档案

名称:挺进者匕首
生产商:美国挺进者刀具公司
类型:战斗直刀
常用工艺:刀身表面砂光处理
品质:刃口锋利、品质上乘

解密经典兵器

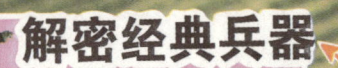

戈博匕首

设计理念

生产首屈一指的刀具是戈博公司一贯的追求,而戈博匕首也确实完美诠释了戈博公司的这一理念。戈博匕首不但是一把防身利器,更是一件难得的艺术品,而且使用者享有与产品制造有关的终身担保,这让戈博匕首在世界上赢得了广泛赞誉。

无声的侍卫——利刃

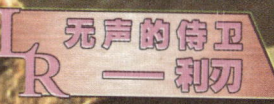

机密档案

名称：戈博匕首

生产商：美国戈博刀具公司

类型：战斗直刀

常用工艺：刀身表面镀氧化钛

品质：做工精良、经久耐用

解密经典兵器

设计特点

戈博匕首的水滴形刀尖兼顾了刀身的坚固性和锋利性,这一贴心的设计让戈博匕首在野外生存和渔猎活动中变得非常实用。

发展历程

第二次世界大战期间,戈博匕首成为美国军队的装备之一,并深受士兵们喜爱。1958年,戈博公司开始研制运动休闲用刀,结果大受欢迎。随后,戈博公司开始在市场上陆续推出高品质的狩猎刀、捕鱼刀等刀具。在戈博刀具深入千家万户的过程中,戈博的名字成为最佳运动刀具的代名词。

精神力量

经历了时间的检验与实战的磨砺,每一个戈博匕首的拥有者都能够深刻体会到:戈博匕首已经不再是一把简单的刀具,它更是一种戈博精神的象征。

一丝不苟的做工

戈博公司所设计的刀具结构都十分巧妙,每一道制造工序都堪称完美。曾有一位收藏者试图将戈博匕首拆开研究其内部结构,但是当他把所有的螺丝都拧下来后,竟然还是无法拆开戈博匕首,实在令人惊奇。

解密经典兵器

蝴蝶匕首

设计特点

蝴蝶匕首的刀身多为鹰嘴形，这是一种提升匕首刺击能力的设计，蝴蝶匕首的性能也因此更加全面。

内敛而充满杀气

蝴蝶匕首风格内敛，潇洒奔放，带给人视觉上的无限美感。蝴蝶匕首并不张扬，但在隐藏了锋芒和杀气的同时，又能随时爆发，展现惊人威力，这就是蝴蝶匕首。可以说，每一把蝴蝶匕首都能让人看到它与生俱来的高贵与华丽。

走出困境

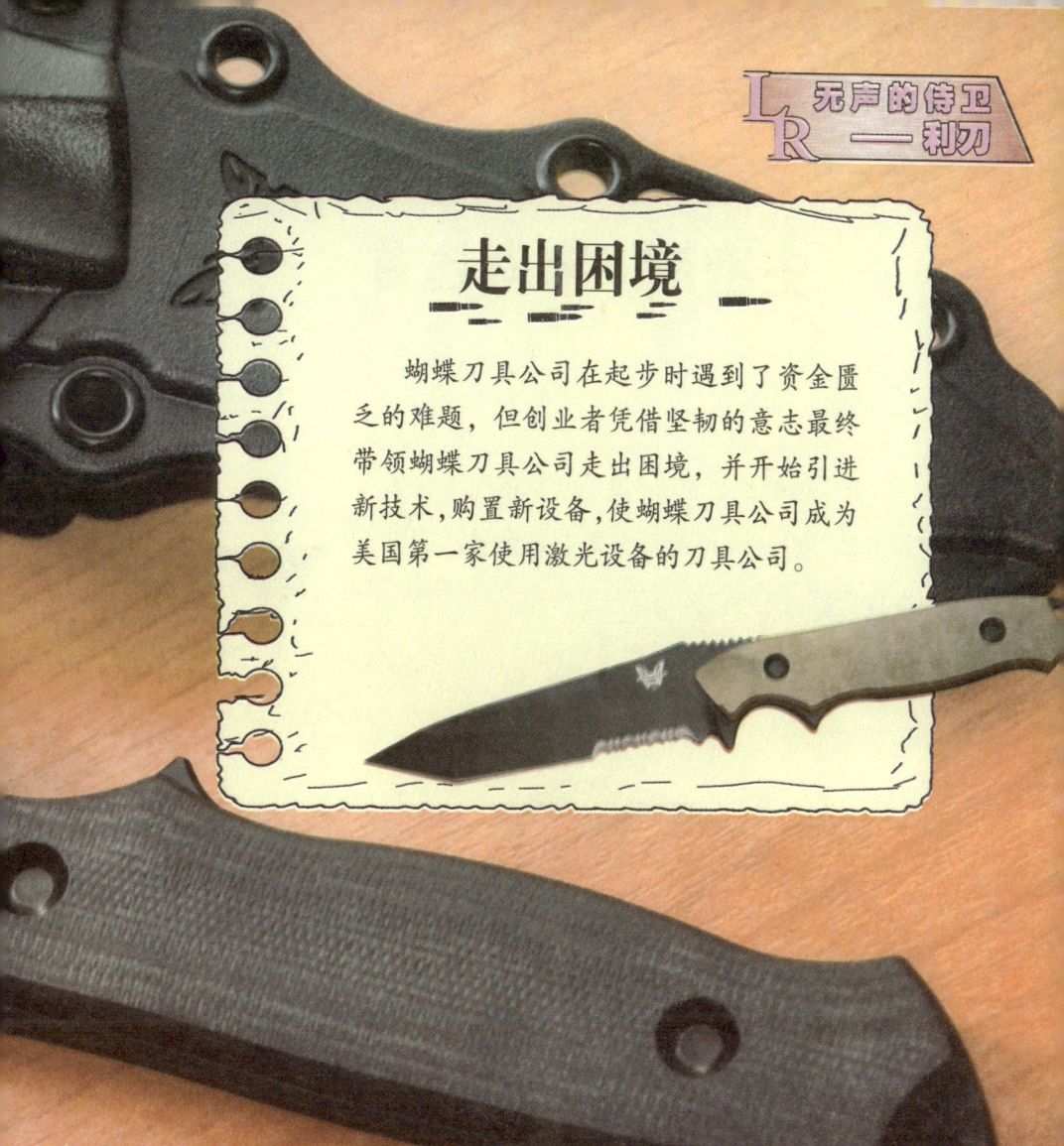

蝴蝶刀具公司在起步时遇到了资金匮乏的难题，但创业者凭借坚韧的意志最终带领蝴蝶刀具公司走出困境，并开始引进新技术，购置新设备，使蝴蝶刀具公司成为美国第一家使用激光设备的刀具公司。

无声的侍卫——利刃

机密档案

名称：蝴蝶匕首
生产商：美国蝴蝶刀具公司
类型：战斗直刀
常用工艺：表面黑色涂层处理
品质：全黑隐蔽、出刀迅速

解密经典兵器

史密斯 - 韦森匕首

值得信赖

一款值得信赖的匕首,应该是紧急情况下完美的切割工具,也应该是近身肉搏中操作灵活的自卫和进攻武器,因为它将是战士生命的最后防线,史密斯 - 韦森匕首就是这样值得信赖的匕首。

机密档案

名称:史密斯·韦森匕首
生产商:美国史密斯·韦森刀具公司
类型:战斗直刀
常用工艺:黑色特氟龙涂层
品质:威猛美观、强悍实用

无声的侍卫——利刃

真正的"守护神"

史密斯-韦森公司最具代表性的匕首非"守护神"莫属。"守护神"双面开刃,这使得它的进攻方向随意多变,使敌人难于防范。它的锋刃虽然很小,但威力如同杀人蜂的毒刺一样厉害。

刀柄设计

史密斯-韦森匕首的刀柄采用特殊的防滑材料制成,并有齿状条纹,方便使用者抓牢匕首并控制挥刀力度。

解密经典兵器

MOD 防御大师匕首

广受好评

对于搏击界精英和特种部队战士来说,最重要的事情莫过于选择一款得心应手的武器。好的武器在他们看来是充满灵性的,是跟主人心有灵犀的。在挑选匕首时,美国多数搏击者和特种部队队员都会毫不犹豫地选择防御大师匕首。

防御大师刀具公司至今已经有三十多种不同的匕首问世。防御大师匕首的切割力、穿透力和攻击力都令人折服,可以满足人们不同的求生需求和战斗需要。

无声的侍卫——利刃

科普课堂

Mark VI Stinger 战术直刀可谓是防御大师匕首中的经典之作，刀刃异常锋利，其刀柄采用玻璃填充尼龙材质，对化学腐蚀与高温高压有极高的抵抗能力，可耐260摄氏度的高温，同时具有很好的绝缘性，保护使用者免受电击。

机密档案

名称：MOD 防御大师匕首
生产商：美国防御大师刀具公司
类型：战斗直刀
常用工艺：表面砂光处理
品质：精准、坚固、锋利

解密经典兵器

哥伦比亚河匕首

发展道路

1994年,哥伦比亚河刀具公司成立。该公司不断引进最前沿的设计理念,并和最著名的刀具设计师合作。该公司设计生产的刀具极富创意和革新力,并且价格适中。

锯齿刀

哥伦比亚河匕首的锯齿刀具有异常强大的切割能力,可割断绳子,甚至是钢索。

设计特点

哥伦比亚河匕首采用一体化设计，所有的匕首都是由一整块钢材加工锻造而成的，而且部分匕首的刀柄还凿有圆孔，这一设计减轻了匕首的重量，但并不影响匕首的强韧度。在投入市场之前，每一把哥伦比亚河匕首都要经过严格的检验，材料、工艺和刀锋中的每一个细节都不允许有差错。

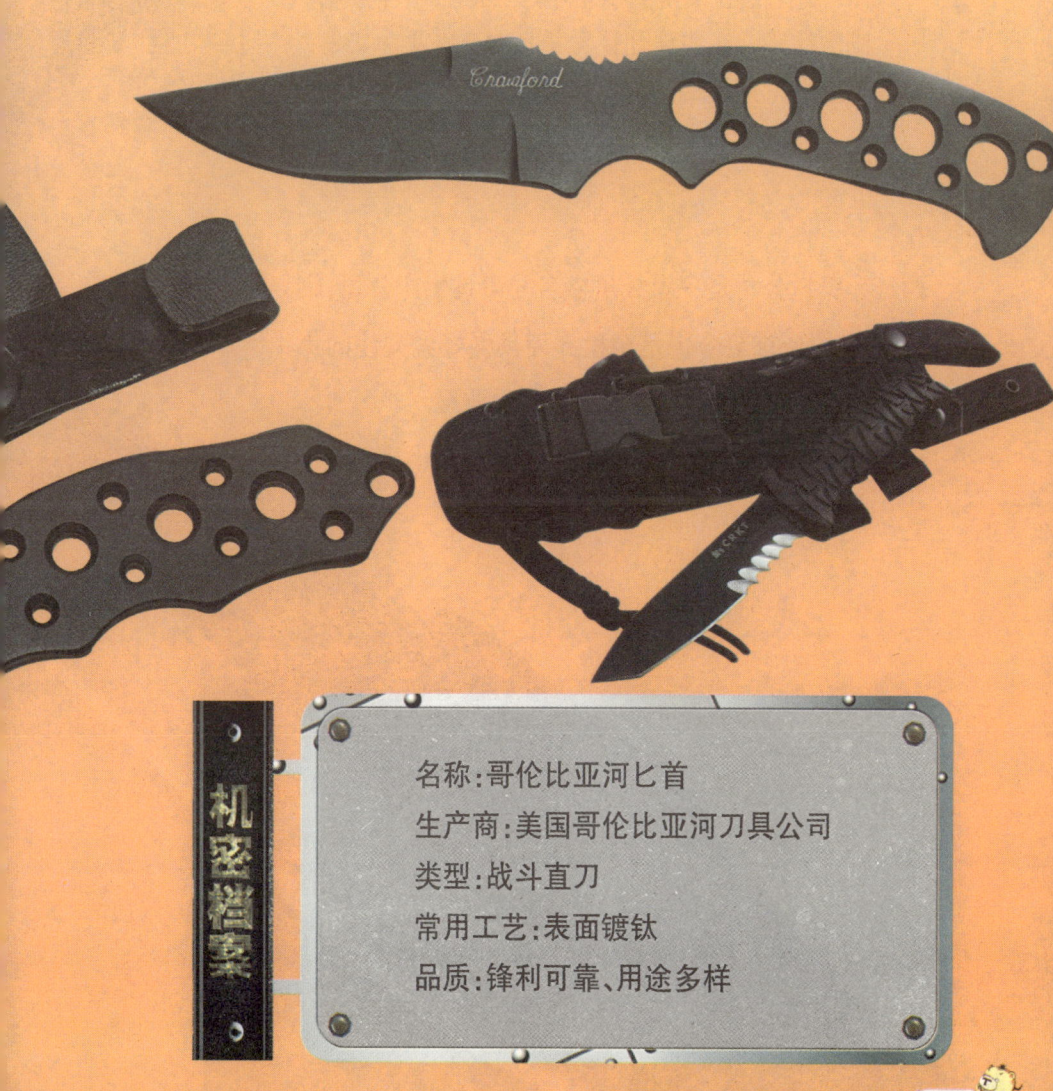

机密档案

名称：哥伦比亚河匕首
生产商：美国哥伦比亚河刀具公司
类型：战斗直刀
常用工艺：表面镀钛
品质：锋利可靠、用途多样

解密经典兵器

奥托匕首

设计特点

奥托匕首采用钢制护手、穿心刀柄和滚花防滑纹路,这些设计让奥托匕首变得更加实用和坚固。奥托匕首可配备战术刀鞘,便于携行。

知名匕首

西班牙奥托公司是一家久负盛名的刀具生产公司,旗下多个系列的匕首至今仍是全世界刀具爱好者关注的焦点。奥托匕首以其卓越的性能和优良的品质赢得了众多户外运动爱好者的青睐。

无声的侍卫
——利刃

47

解密经典兵器

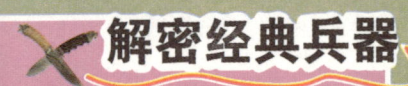

机密档案

名称：奥托匕首
生产商：西班牙奥托刀具公司
类型：战斗直刀
常用工艺：表面喷砂黑化处理
品质：锋利耐用、善于切割

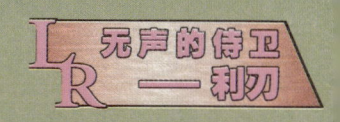

名声大震

1893年,奥托公司开始生产兵器,同时生产和销售野外多用途刀具。而采用淬火技术和回火加工方式锻造的奥托匕首,因品质上乘、性能可靠而被西班牙军队和北约各国军队采用。一时间,奥托匕首在世界范围内名声显赫。

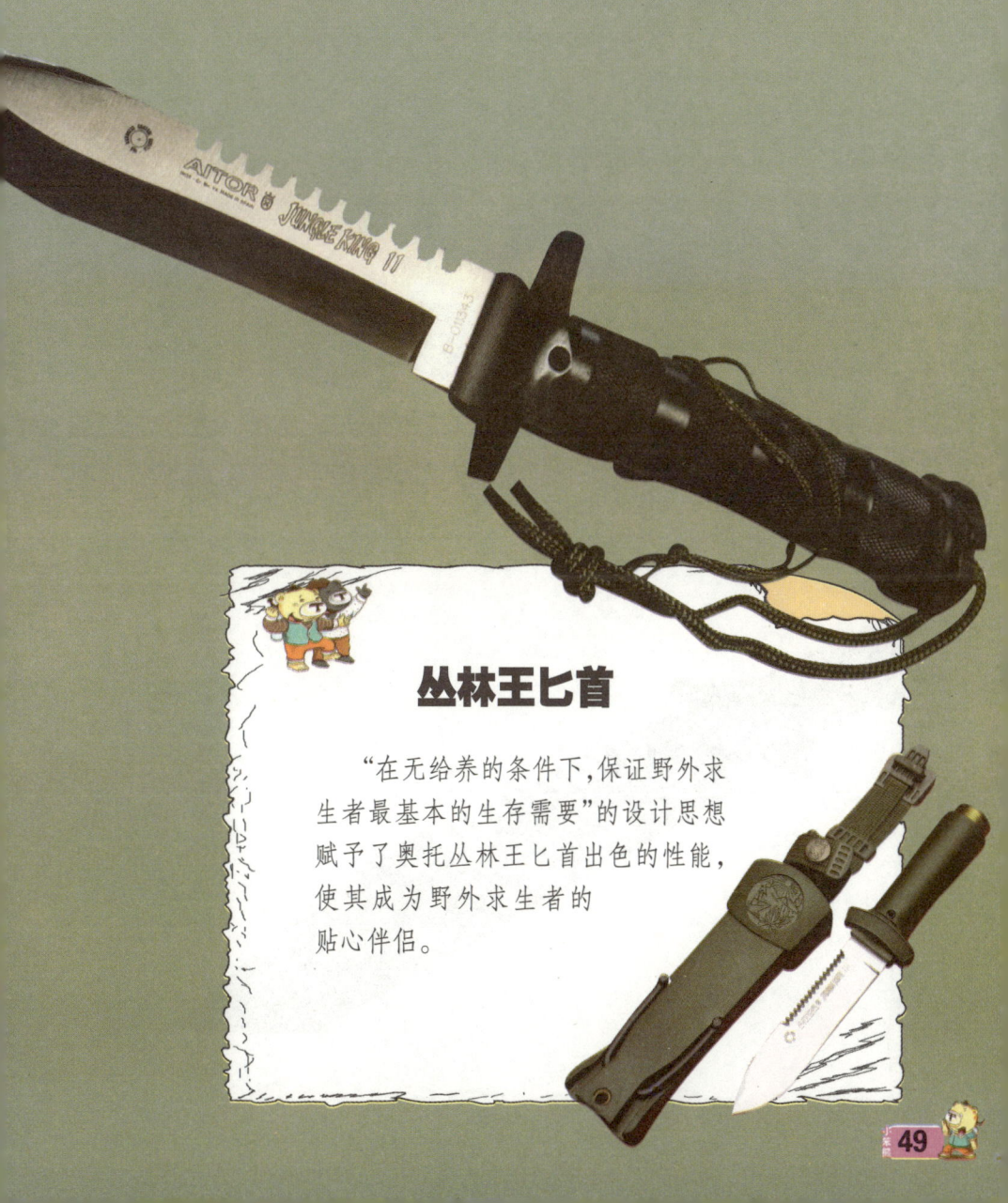

丛林王匕首

"在无给养的条件下,保证野外求生者最基本的生存需要"的设计思想赋予了奥托丛林王匕首出色的性能,使其成为野外求生者的贴心伴侣。

解密经典兵器

夜魔匕首

备受推崇

夜魔匕首被美国政府机构视为最佳刀具,被推崇为"最具杀伤力的战术刀具武器"。夜魔匕首是根据全天候作战需要设计的,在不同的环境中,夜魔匕首均有出色的表现,可协助使用者完成不同的任务。

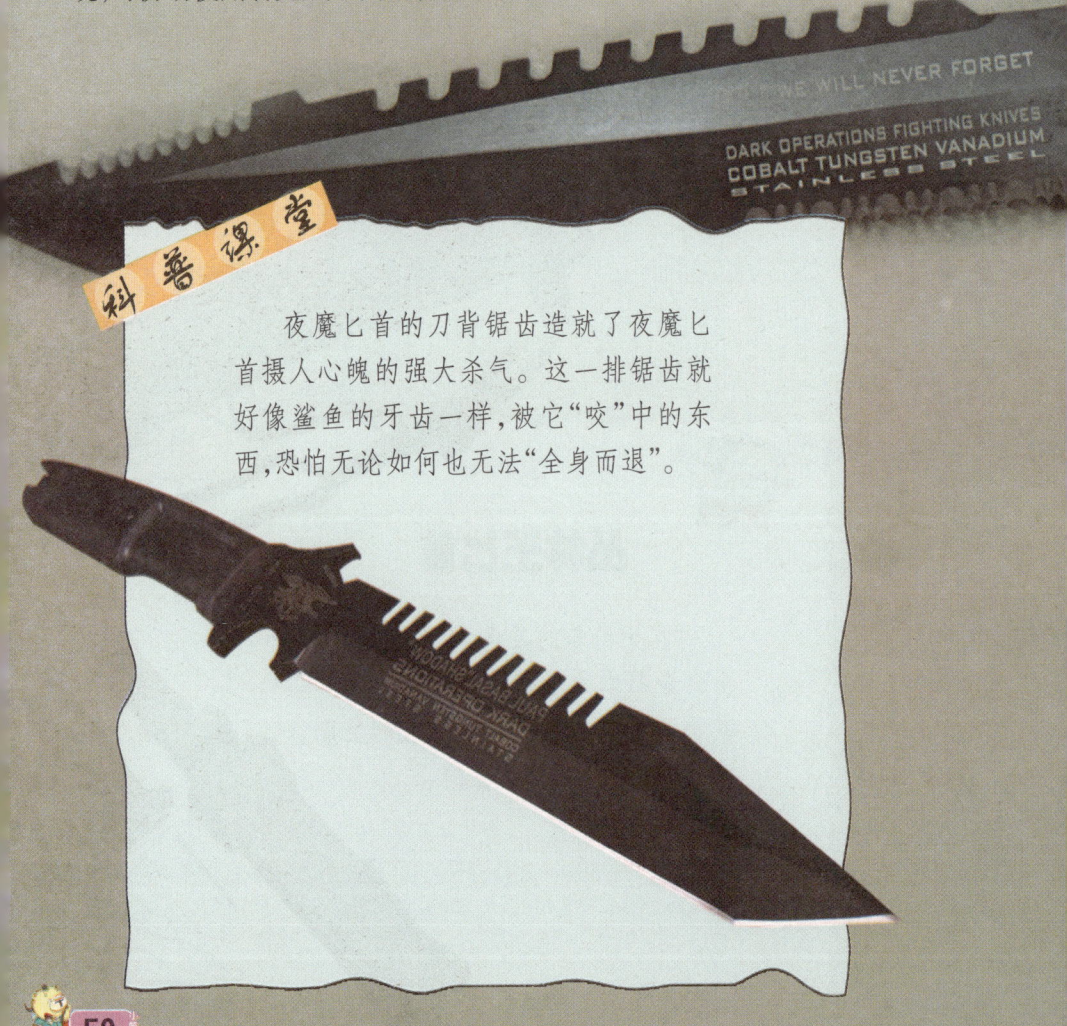

科普课堂

夜魔匕首的刀背锯齿造就了夜魔匕首摄人心魄的强大杀气。这一排锯齿就好像鲨鱼的牙齿一样,被它"咬"中的东西,恐怕无论如何也无法"全身而退"。

无声的侍卫——利刃

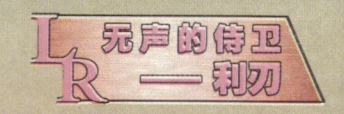

夜魔匕首的刀尖并不是弧形的,而是呈几何形状,这样的刀尖虽不擅长切割,但是穿刺能力极强。

夜魔本色

就像它的名字一样,夜魔匕首真的就是一把令人胆寒的武器。夜魔匕首的刀刃厚度几乎是其他同类匕首的两倍,这使它具备了超强的攻击力。独特的打磨和抛光技术,给夜魔匕首带来了无与伦比的锋利度。

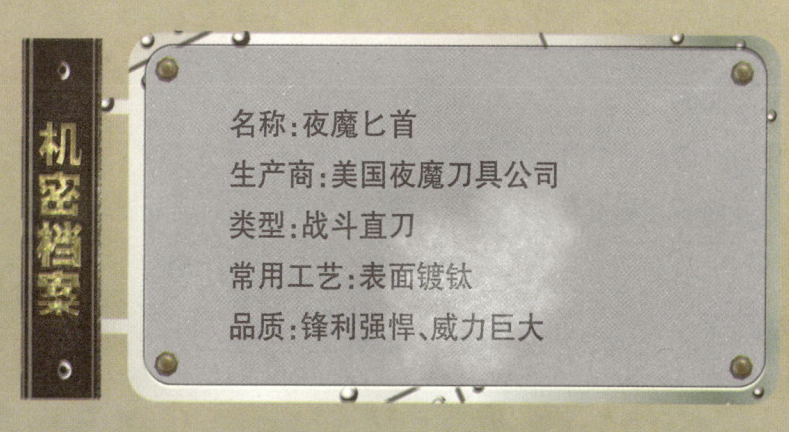

机密档案

名称:夜魔匕首
生产商:美国夜魔刀具公司
类型:战斗直刀
常用工艺:表面镀钛
品质:锋利强悍、威力巨大

解密经典兵器

克里斯里夫匕首

独一无二

每一把克里斯里夫匕首都是设计师心血的结晶,纯手工打造是其独一无二的象征,而且,出厂前的严格检测和测试,保证了克里斯里夫匕首的高品质。

恒久品质

克里斯里夫刀具公司的创办者和设计师是手工刀界呼声最高的制刀大师克里斯里夫。出自克里斯里夫之手的匕首,锋利而耐用。克里斯里夫匕首外观并不华美,但性能出色,而且克里斯里夫匕首的刀柄采用防滑纹设计,非常实用。

无声的侍卫——利刀

高品质服务

克里斯里夫刀具公司坚持小规模生产，设计师们相信精心打造的手工刀才是高品质的象征。而且，克里斯里夫刀具公司为产品提供终身免费维修的服务，无论产品卖出多久，设计师都可以为使用者重新打磨刀具，并做表面处理。

机密档案

名称：克里斯里夫匕首
生产商：美国克里斯里夫刀具公司
类型：战斗直刀
常用工艺：表面镀钛
品质：强劲、耐用

解密经典兵器

卡美卢斯匕首

机密档案

名称：卡美卢斯匕首

生产商：美国卡美卢斯刀具公司

类型：战斗直刀

常用工艺：镜光

品质：劈砍有力、震慑力十足

无声的侍卫——利刃

值得信赖

卡美卢斯刀具公司是美国历史悠久的刀具生产商之一，长久以来，卡美卢斯刀具公司一直以生产优质匕首闻名世界。当卡美卢斯刀具公司开始自产自销的时候，第一次世界大战爆发，卡美卢斯匕首被投入了战争中，装备美军及其盟军，成为值得信赖的近战武器。

实战考验

经过两次世界大战的考验，卡美卢斯匕首的性能在实战中不断成熟，并成为在美国有口皆碑的著名刀具。

整体设计

卡美卢斯匕首大多采用"S"形的整体设计，美观大方，而且符合人体工程学，手感舒适，即使长时间使用也不会有手指酸痛的感觉。

解密经典兵器

关兼常匕首

机密档案

名称：关兼常匕首
生产商：日本手工制刀师
类型：战斗直刀
常用工艺：磷化＋锻纹
品质：刃口锋利、经久耐用

制造工艺

关兼常匕首多采用千层花纹钢制成。反复锻打、淬火处理和手工开刃等一系列精细的制造过程，赋予了关兼常匕首硬度高、韧性好、切削性能极佳的特点，而且，关兼常匕首拥有良好的使用性能和平衡的操控手感，已经成为品质与实用的象征。

无声的侍卫——利刃

性能特点

关兼常匕首的刀身多弧线形，注重切割和劈砍能力，可作为多用途刀具使用。使用者在挥动关兼常匕首的时候，一定可以感受到传统制刀工艺带来的舒适使用体验。

现代与古典的融合

关兼常匕首是日本非常著名的手工刀具，以日本著名制刀师关兼常的名字命名。关兼常是日本久负盛名的刀匠，他继承了镰仓时期流传下来的传统制刀技术和风格，在融合现代制刀工艺的基础上，打造出了传统及现代风格兼备，极具尊贵感的关兼常匕首。

解密经典兵器

博克匕首

设计理念

德国博克公司是世界上最知名的冷兵器制造商之一。该公司主要生产高价值的刀具产品,一直遵循"质量和服务重于一切"的设计理念。其产品设计新颖,质量上乘,再加上与同等质量的产品相比价格较为合理,因而更容易让大众接受。

无声的侍卫——利刃

融合

博克公司在刀具设计与材料选择方面做出了创新性的贡献。博克匕首融合了当今制刀界的先进锻造工艺和设计理念,堪称经典。

制造工艺

博克匕首的制造工艺堪称完美。博克匕首的刃材多为高碳钢,这种钢材具有极强的抗锈能力,耐磨性极高。

解密经典兵器

完善工艺

博克匕首的制造工艺堪称完美，刀刃的耐磨性极高。其中，A-F系列战斗刀是博克匕首中最知名的一款匕首。除了具备博克匕首一贯的特点外，每一把A-F系列战斗刀都有自己的号码，便于进行跟踪服务。

机密档案

名称：博克匕首

生产商：德国博克刀具公司

类型：战斗直刀

常用工艺：镜光处理

品质：精致小巧、锋利耐用

第二章
隐身刺客——折刀

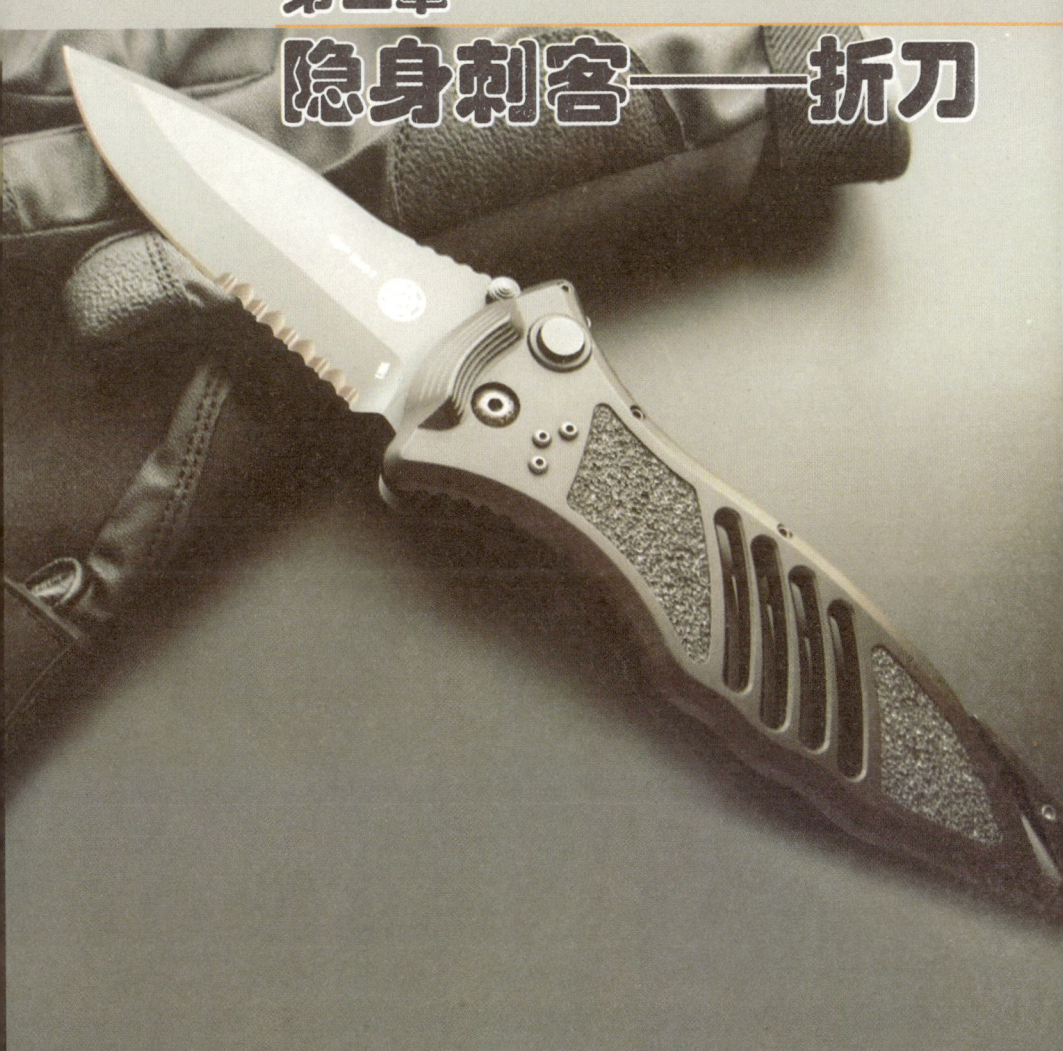

解密经典兵器

冷钢折刀

"好帮手"

作为美国老牌刀具生产公司,冷钢制造出了"像直刀一样坚固的折刀"。冷钢折刀不仅仅是适合户外携带的刀具,更是日常生活中的一个"好帮手"。

你知道吗?

冷钢折刀的刀身和刀柄全部由优质钢材经数控机床加工而成,整刀结构紧凑,坚固耐用,开合顺畅。

无声的侍卫——利刀

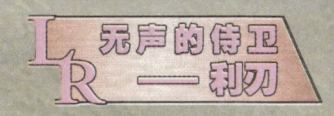

要求严格

冷钢刀具公司非常注重折刀的折扣系统，因为折扣系统直接关系到折刀的可靠性。冷钢公司通过研制坚固的折扣系统保证折刀的可靠性和安全性。

解密经典兵器

新一代经典

冷钢公司推出的 Gunsite II，中文译名为"自卫型执法折刀"，具备无可挑剔的性能和使用寿命。Gunsite II 折刀在刀片弹开的时候，不是轻轻的"咔"的一声，而是厚重的金属撞击声音，从中可以看出 Gunsite II 的刀柄在制造过程中的先进工艺和真材实料，足以让人信赖。

机密档案

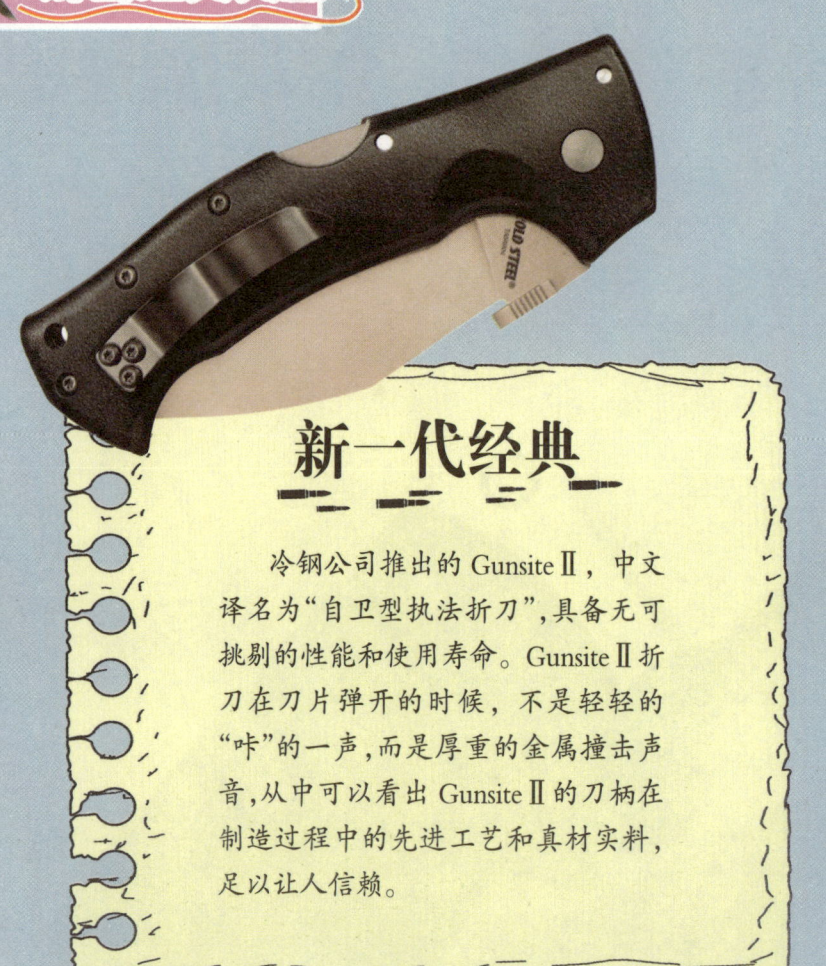

名称：冷钢折刀

生产商：美国冷钢刀具公司

类型：战术折刀

常用工艺：黑色氧化物涂层

品质：助力开刀、锋利实用

锋利无比

　　冷钢折刀的刀刃采用高级钢材锻造,刃口锋利而且具有较强的耐磨性,其刀刃甚至可以当作剃须刀使用,足见其锋利程度,而手柄的设计则突出坚固性和可靠性。

解密经典兵器

巴克折刀

设计特点

巴克折刀风格古典高雅且造型考究，深受刀迷喜爱。无论是在户外狩猎、钓鱼抑或是露营时使用，使用者都可以感受到在传统且简单的设计中绝佳的使用效果。

机密档案

名称：巴克折刀

生产商：美国巴克刀具公司

类型：战术折刀

常用工艺：表面镀钛

品质：外形精美、开合顺畅

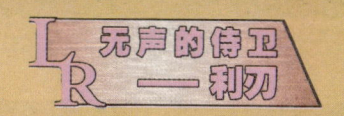

高品质

巴克折刀的刀刃都采用不锈钢制造，并利用巴克公司专有的技术处理刀片边缘，完美地融合硬度、强度、韧性、延展性、耐磨性和耐腐蚀性等优点。凭借这样的高品质，巴克折刀在26年内的销售总量已经超过1亿把。

加工工艺

巴克刀具公司采用特殊的工艺对折刀的刀刃进行回火处理，使刀刃能够长时间地保持较高的锋利程度。

品牌美誉度

历史悠久的巴克公司堪称世界上量产刀具的巨头，其生产的折刀甚至拥有可以与手工刀具相媲美的优异品质。在美国一提到巴克折刀，就好像在中国提到"王麻子"剪刀一样，家喻户晓。

解密经典兵器

蜘蛛折刀

设计特点

蜘蛛折刀的刀柄多由树脂材料、不锈钢、复合钢和碳纤维等材料制成,握持舒适,牢固耐用。

吸引力

每一个刀具爱好者都希望拥有一把称心如意的刀具。当然对于他们来说,断定什么刀是最好的是非常困难的,但是每一个刀具爱好者在接触了蜘蛛折刀后,都会因为它优异的品质、良好的声誉、独特的风格、精巧的结构设计、优良的售后服务而在不知不觉中爱上它。

无声的侍卫——利刃

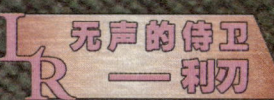

明星产品

C36型折刀在蜘蛛折刀家族中占有非常重要的地位,是蜘蛛折刀中的明星型号。蜘蛛刀具公司在设计这一型号的时候不遗余力地在各个方面都使用最好的技术和材料。

解密经典兵器

圆形开刀孔

蜘蛛折刀都设计有独特的圆形开刀孔,简单而实用。这样的设计对于很多热衷于单手开刀的使用者来说,是非常贴心的,同时也成为蜘蛛折刀最大的外形特点。

设计理念

设计师利用自己丰富的制刀经验,结合蜘蛛公司优良的工艺传统,把做工精巧、布局合理、操控性能良好且充满时代气息的蜘蛛折刀呈现给刀具爱好者。

无声的侍卫——利刃

机密档案

名称:蜘蛛折刀

生产商:美国蜘蛛刀具公司

类型:战术折刀

常用工艺:表面氧化物处理

品质:开刀迅速、刃口锋利

解密经典兵器

微技术折刀

世界闻名

微技术刀具公司因可靠的折刀著称于世。微技术折刀特殊的开启方式和锁定方式,使它成为世界上最精密的自动开启刀具。

机密档案

名称:微技术折刀
生产商:美国微技术刀具公司
类型:战术折刀
常用工艺:表面镀钛
品质:小巧轻便、性能可靠

无声的侍卫——利刃

大名鼎鼎

在美国说起折刀，人们会不约而同地想到一个传奇的名字，那就是美国的微技术。2000年，微技术公司的全自动刀具问世，市场反响和评价都非常好。锐意创新使微技术折刀的销售业绩在众多品牌的折刀中遥遥领先。

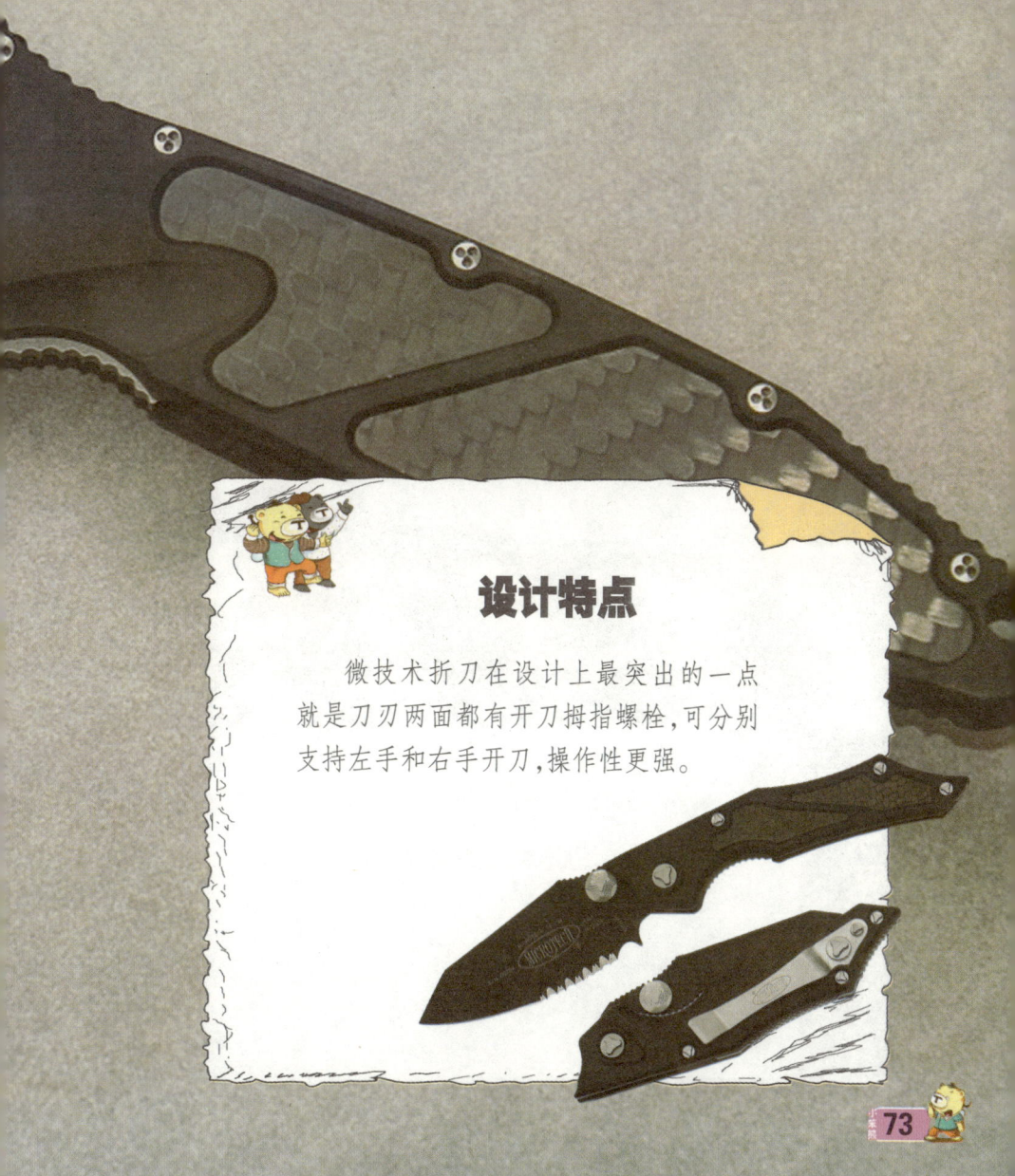

设计特点

微技术折刀在设计上最突出的一点就是刀刃两面都有开刀拇指螺栓，可分别支持左手和右手开刀，操作性更强。

解密经典兵器

爱默生折刀

机密档案

名称：爱默生折刀
生产商：美国爱默生刀具公司
类型：战术折刀
常用工艺：表面黑钛处理
品质：出刀迅速、凶猛强悍

钢铁硬汉

　　美国的爱默生折刀有着铁汉的气质。其设计者爱默生是世界上顶尖的刀匠之一，曾做过太空工程师及机械师的他有相当丰富的金属知识，而习武的经验使他深知不同使用者需要什么样的折刀，所以，他设计的刀具实用性很高，一直是世界特种精锐部队的最佳选择。

值得信赖

　　爱默生折刀不仅刀刃锋利，而且握把安全可靠，可以承受巨大的重力，阻挡超强的电压，并能够抵挡强酸、强碱和各种有机溶剂的侵蚀。爱默生折刀曾是特种部队的专用刀具，时至今日也是很多特种作战人员的随身防卫武器。

解密经典兵器

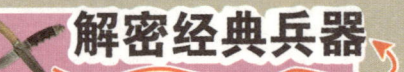

哨格折刀

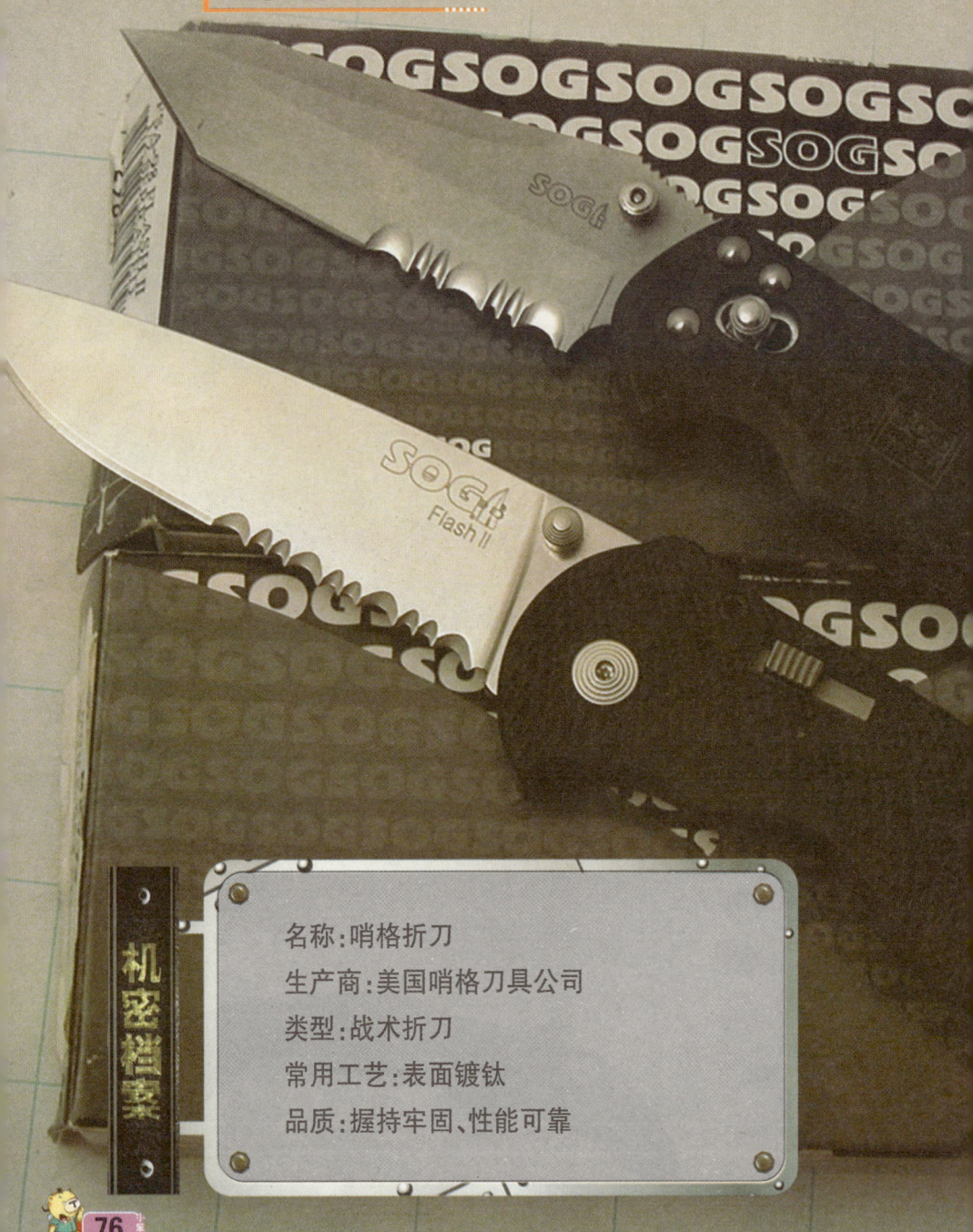

机密档案

名称：哨格折刀

生产商：美国哨格刀具公司

类型：战术折刀

常用工艺：表面镀钛

品质：握持牢固、性能可靠

无声的侍卫——利刃

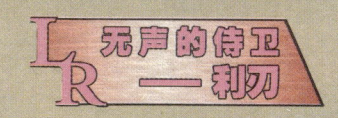

名称来源

哨格（SOG）这个名字来源于越战中唯一的一支军方秘密特种部队的名字——Studies and Observation（侦察组）。这支精英部队总是执行最艰苦、最危险的任务，这与哨格刀具公司擅长制造在恶劣环境下使用的刀具产品的特性不谋而合。

量身定做

哨格是专门生产军用刀而被世界各国所推崇的品牌。哨格刀具公司可谓是刀具制造界的圈中老手，凭借实践经验的累积，美国的特种部队甚至会委托哨格公司专门为战士们量身打造各式刀具。

科普课堂

战术和实际应用是哨格折刀的设计主题，而这一主题在哨格超视距折刀中表现得尤为明显。哨格超视距折刀的刀刃经过镀钛处理，功能性强；表面有鲨齿状锯齿，结构巧妙；刀锁有迅速、安全、耐用的优点。

解密经典兵器

戈博折刀

轻巧刀具领导者

作为刀具潮流的领导者,戈博是首家推出真正轻巧刀具的公司。戈博折刀的刀柄一般采用特殊材料制成,不但手感舒适,而且特别耐用。特殊设计的拇指孔使单手开刀变得更加方便、快捷。不锈钢核心结构,给戈博折刀带来了可靠的使用性能和值得信赖的坚固性,而且这种结构还能保护折刀的内部结构,延长折刀的使用寿命。

机密档案

名称:戈博折刀
生产商:美国戈博刀具公司
类型:战术折刀
常用工艺:表面黑色氧化物处理
品质:重量轻、强度高

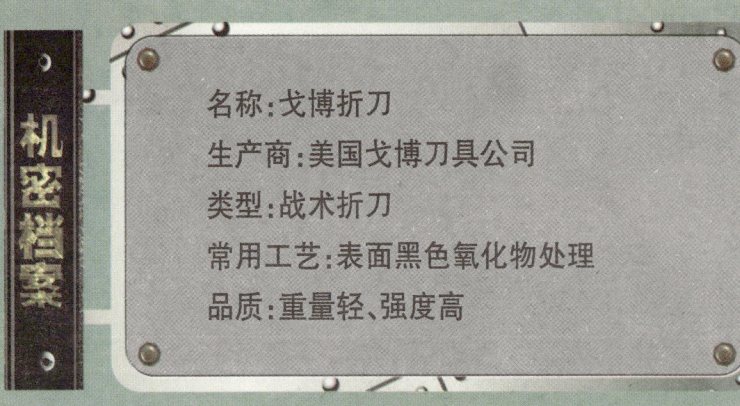

无声的侍卫——利刃

人性化设计

　　戈博折刀的枢轴松紧程度可调，可以给使用者带来最佳的使用效果。经过热处理的刀刃十分锋利，坚固耐用，可充分满足户外活动者的需求。

解密经典兵器

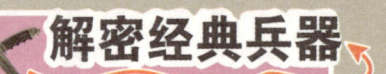

蝴蝶折刀

高贵气质

初听"蝴蝶",很难将这个名字与刀具联系在一起。试想,风韵弥醇和刀光剑影又会是怎样完美的组合?蝴蝶折刀的完美不仅仅来自精美、独特和高贵,更在于它的持久、耐用和延续。

无声的侍卫——利刃

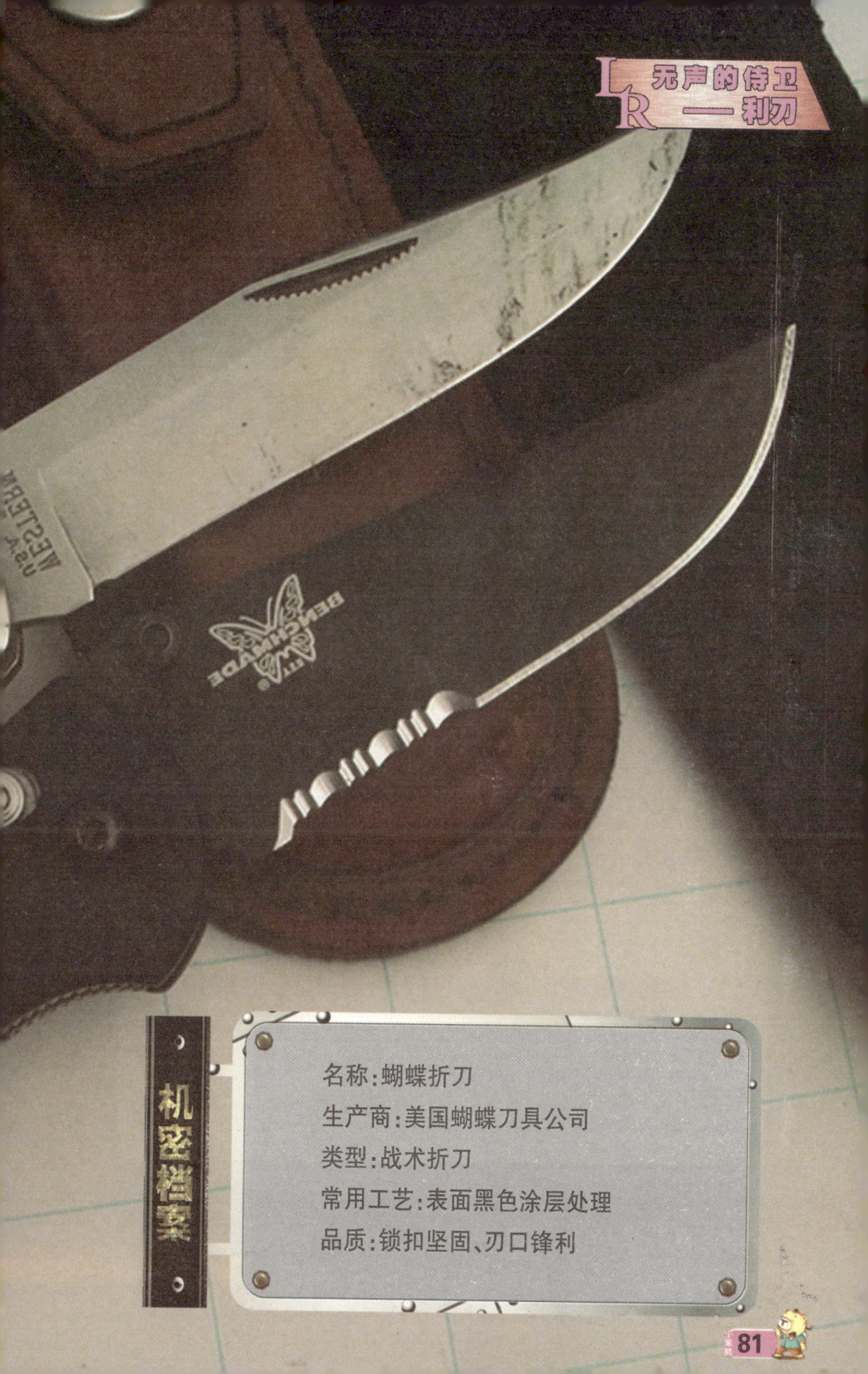

机密档案

名称：蝴蝶折刀

生产商：美国蝴蝶刀具公司

类型：战术折刀

常用工艺：表面黑色涂层处理

品质：锁扣坚固、刃口锋利

解密经典兵器

品质保证

蝴蝶折刀的刀身经过回火、磨削和锻造才最终成型,每一个环节都是蝴蝶刀具公司对品质的保证。蝴蝶刀具公司秉承精益求精的设计理念,积极采用先进工艺,保证蝴蝶折刀的坚固耐用。

设计特点

早期的蝴蝶折刀是以一些随手可得的材料制成的,因为它们的攻击目标是人体,因此已经足够。现在的蝴蝶折刀采用最新的高碳不锈钢材料制成,结合了碳钢易开锋和不锈钢易保养不生锈的特性。

无声的侍卫——利刃

独特风格

蝴蝶折刀饱含设计人员的独特创意，可谓狂野而豪放，简约中不失名家风范。蝴蝶折刀就是这样坚毅中带着一份儒雅，跨越了一个又一个时代。

刀柄设计

蝴蝶折刀外形精巧，必要时，它可以收为原来一半的长度。蝴蝶折刀的刀柄具有双重作用，既可以充当刀鞘，也可以通过旋转组成一个坚固的手柄。

解密经典兵器

MOD防御大师折刀

经典之作

MOD防御大师折刀是一种特殊的战术折刀，其刀刃选用特殊材质，制造工艺精良，在刀具世界中享有盛誉。MOD防御大师刀具公司设计生产的折刀堪称刀具界的经典之作，其独到的设计和专业的性能都是其他折刀无法比拟的。

精密生产

MOD防御大师折刀制造工序均由计算机控制完成，最大误差仅为人头发直径的1/30。

机密档案

名称：MOD防御大师折刀
生产商：美国防御大师刀具公司
类型：战术折刀
常用工艺：表面黑色氧化物涂层
品质：外观霸气、威猛强悍

锋利程度

防御大师折刀的刀尖异常锋利,具有非常强大的刺击能力,而弧形刀刃则具有很强的劈砍能力,同时,刀刃末端的锯齿刃锋利得几乎可以锯断任何物体。

差异化设计

MOD防御大师折刀注重差异化设计,每个型号的折刀都有锻面、珠光和黑碳钛氮化物涂层三种表面处理方式,并且部分折刀还分为锯齿和平刃两种开刃方式。

解密经典兵器

哥伦比亚河折刀

精品刀具

哥伦比亚河刀具公司如同《时代》杂志所评价的那样，是提供全球军警情报人员使用刀具的一家刀具公司。其生产的刀具在质量、用材及做工方面都被专业人员所信赖，特别是哥伦比亚河刀具公司生产的折刀被特种部队队员们视为刀具中的精品。

科普课堂

哥伦比亚河折刀设计合理，采用刀刃一体护手、助推开关，黑色金属内衬和双面快开螺栓。哥伦比亚河的部分型号折刀的刀柄采用镂空设计，在不影响折刀结构强度的基础上，大大减轻了整刀的重量。

无声的侍卫——利刃

全民使用

哥伦比亚河刀具公司最新推出的法老折刀，和以往所生产的折刀不同，它适合任何人使用，可谓是"全民刀具"。该刀最突出的特点是它只有一个活塞，任何一只手都可轻易打开刀锋，当要收起刀刃时，只要按下刀锋枢纽上的按钮便能将其快速收起，使用起来非常方便。

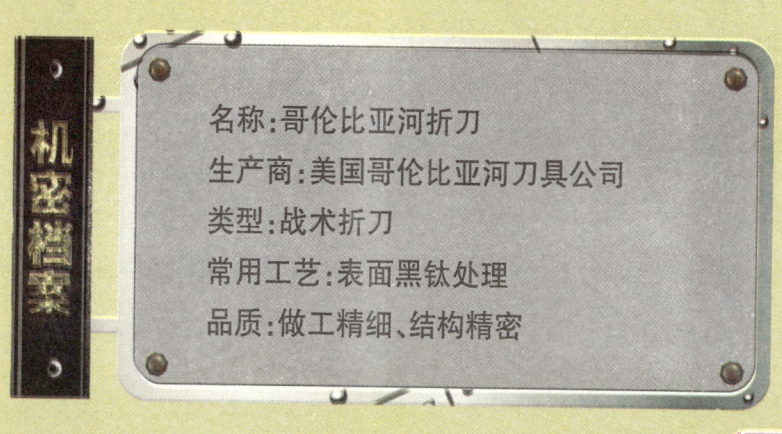

机密档案

名称：哥伦比亚河折刀
生产商：美国哥伦比亚河刀具公司
类型：战术折刀
常用工艺：表面黑钛处理
品质：做工精细、结构精密

解密经典兵器

博克折刀

刀具特色

日耳曼民族是一个以严谨著称的民族,德国武器也一样严谨、精密,并在世界武器史上自成一系,独领风骚。德国博克公司是有着一百三十多年历史的著名刀厂,该厂生产的折刀也很有特色,轻便坚固而又锋利无比。

小巧折刀

博克刀具公司为美国特种部队设计的小巧折刀短小精悍、可靠耐用,是攻击、救援和防身的得力助手。此类折刀外形小巧,是博克刀具公司制刀技术的集大成者。

无声的侍卫——利刃

机密档案

名称：博克折刀
生产商：德国博克刀具公司
类型：战术折刀
常用工艺：表面防腐涂层
品质：做工精美、实用性强

解密经典兵器

握把设计

博克折刀的握把采用人体工程学设计，表面经过防滑处理，手感极佳。

性能特点

德国博克折刀的轻便性非常突出，折刀上设有快速开锁钮，方便单手快速打开。其刀身经过特殊涂层处理，具有优秀的防腐蚀和反光隐蔽性能，且使用性能优异，堪称战术专家用刀的最佳选择。

第三章
千古流芳——古刀剑

解密经典兵器

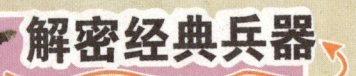

大马士革刀

华丽的外表

大马士革刀的装饰非常华丽,刀鞘与刀柄上通常镶嵌玉石、象牙和珍珠等名贵装饰物。

悠久的历史

大马士革刀有着上千年的历史,在古代,只有贵族才能拥有它。大马士革刀完全由匠人手工打造,凝聚着匠人的灵性,精美而独特。它与生俱来的魔性花纹彰显着高贵的灵魂。

无声的侍卫——利刃

保养简单

　　大马士革刀不易生锈,几百年下来,它不用像日本刀那样费心保养也能光亮如新。大马士革刀凭借优越的性能成为世界上最昂贵、最坚韧、最著名的刀具之一,同时它也是刀具收藏界的终极藏品之一。

机密档案

名称:大马士革刀

生产商:古代印度刀匠

类型:收藏刀

常用工艺:纯手工锻打

品质:美观大方、刃口锋利

解密经典兵器

独特的花纹

现代科学家研究发现,大马士革刀独特的花纹竟然是用肉眼很难看到的小锯齿组成的,正是这些小锯齿使得刀剑更加锋利,增加了大马士革刀的威力。

锻造花纹

大马士革刀原产自印度，是用乌兹钢锭打造出的华美刀具，是世界三大名刀之一。大马士革刀最大的特点是刀身布满各种花纹，如行云流水，美妙异常。

精美的刀鞘

大马士革刀的每一个细节都精致华丽，刀鞘一般为手工制作的牛皮鞘，也有装饰精美的镀银刀鞘。

解密经典兵器

日本刀

在模仿中突破

日本人善于模仿他人之长而得其精华，曾不惜重金聘请外国的能工巧匠锻造兵器。在此过程中，日本人不仅学到了制刀的工艺，而且创造了一个世界刀剑史上的神话，那就是打造出了性能出色的日本刀。

加工工序

日本刀的每道加工工序都力求完美。每把日本刀的磨石都是专用的，每一次研磨都需要至少一块以上的磨石。日本刀的刀身并不是一块钢，而是由上千层薄如蝉翼而又紧密咬合的钢片组成的。在古代，每一把日本刀的诞生都是刀匠智慧、心血与汗水的结晶，刀匠的每一次锻打都是对刀品质的一次提升。在融入自己制刀心得的过程中，刀匠也赋予了日本刀灵魂。

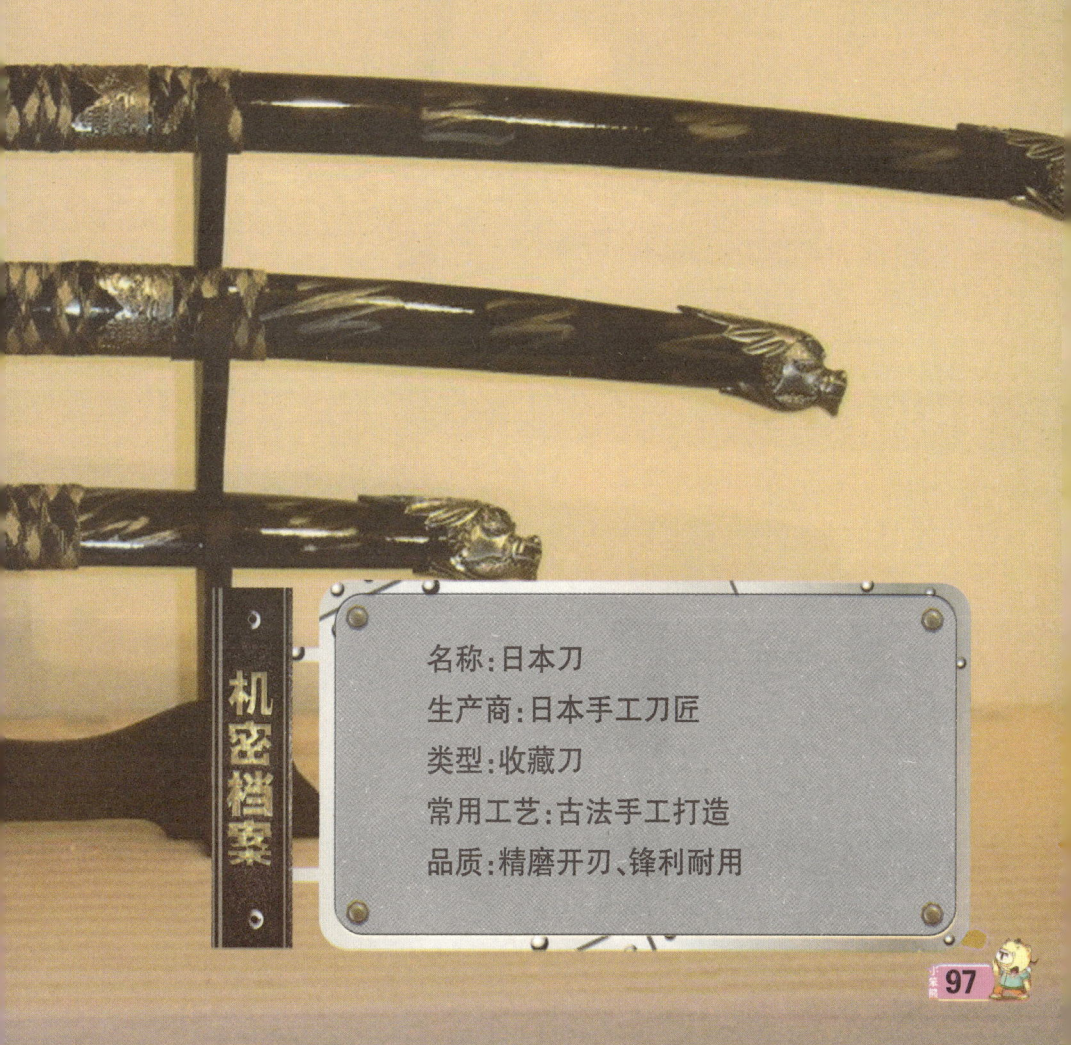

机密档案

名称：日本刀
生产商：日本手工刀匠
类型：收藏刀
常用工艺：古法手工打造
品质：精磨开刃、锋利耐用

解密经典兵器

合金钢

在打造日本刀的时候,刀匠会在锻打过程中向原料上撒一些秘制粉末,经过反复锤炼,将制刀原料变成既韧又硬的合金钢。

使用特点

日本刀仅有一刃,使用者必须双手握刀以劈、砍的方式御敌。日本刀的刀柄经过防滑处理,握持舒适,而且配备制作精良的刀鞘,便于携带和保护刀刃。

失传的技艺

如今,日本刀的传统制造技艺已经失传。现在生产的日本刀只能称为复古日本刀,而不是真正意义上的古代名刀。

无声的侍卫——利刃

精美的花纹

日本刀从刀脊到刀口的斜面上,满是密密的像云彩、海浪一样的花纹,隐约间还泛出斑斓的色彩。

实际使用

日本刀的刀身具有较小的弧度,非常适合步战,而且日本刀的韧性很好,在劈砍中能够化解敌人的力道,避免使用者震伤手腕。

解密经典兵器

中国刀剑

世界刀剑鼻祖

当许多国家的兵器还很粗糙的时候,中国一大批能工巧匠就以其巧夺天工的精湛技艺,制造出许多千古闻名的宝剑,如湛卢、龙渊、太阿等。它们出神入化,为世人所称道,堪称世界刀剑的鼻祖。

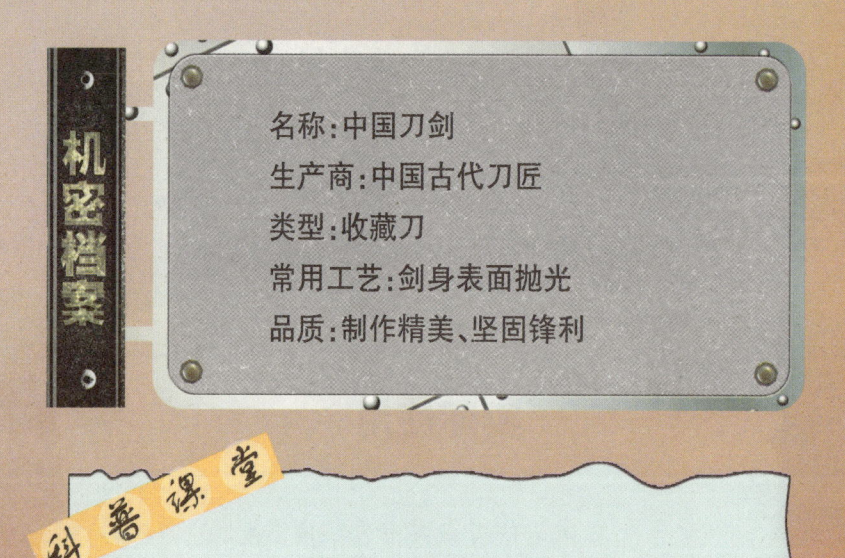

机密档案

名称:中国刀剑
生产商:中国古代刀匠
类型:收藏刀
常用工艺:剑身表面抛光
品质:制作精美、坚固锋利

科普课堂

唐刀在中国刀剑的历史上可谓首屈一指。它采用"百炼钢"锻造而成,改善了对钢材中杂质的处理方法,并创造了"包钢"技术,使唐刀外硬内软,拥有极强的韧性。

天下第一剑

越王勾践剑可谓是国宝级的文物，享有"天下第一剑"的美誉，而这把古剑也不愧于这个美誉。越王勾践剑在地下埋藏了两千多年居然毫无锈蚀，依然闪烁着炫目的青光，寒气逼人。

刀剑文化

刀和剑都是中国古代的兵器，但它们又不仅仅是兵器，更发展成为一种文化。在众多古装的影视剧中，我们都能看见刀剑的身影，单单是佩带，就能显示出独特的文化底蕴。汉朝时，自天子至百官无不佩刀，佩刀代表了达官贵族的身份等级。剑在唐朝时最为繁盛，不仅被文人墨客视为饰物，更成为了道士们手中的武器。

解密经典兵器

马来克力士剑

曾经的辉煌

曾几何时，马来人制造出了世界上独具特色的一种兵器，足可与世界上任何冷兵器相媲美，时至今日，其铸造技术已经失传，这种兵器就是世界最富神秘色彩的名刃——被誉为"南亚冷兵器之王"的马来克力士剑。

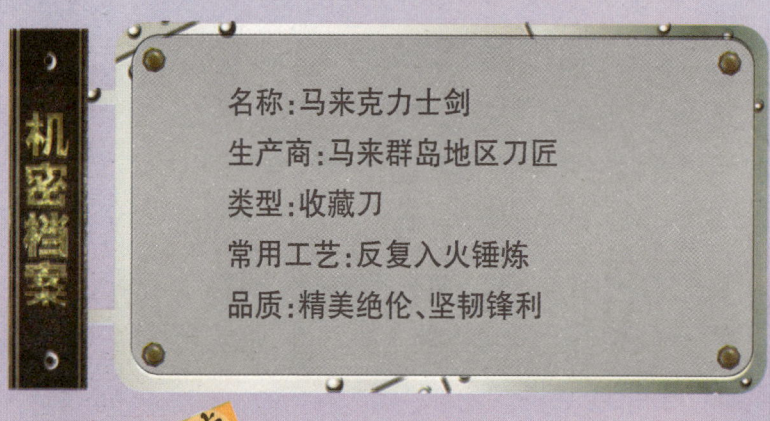

机密档案

名称：马来克力士剑
生产商：马来群岛地区刀匠
类型：收藏刀
常用工艺：反复入火锤炼
品质：精美绝伦、坚韧锋利

科普课堂

马来克力士剑是由三块钢材包裹两块陨铁经过反复锤炼锻造而成的，刀身上的花纹类似于植物叶脉，这是陨铁之外的任何金属都无法展现出来的。

无声的侍卫——利刃

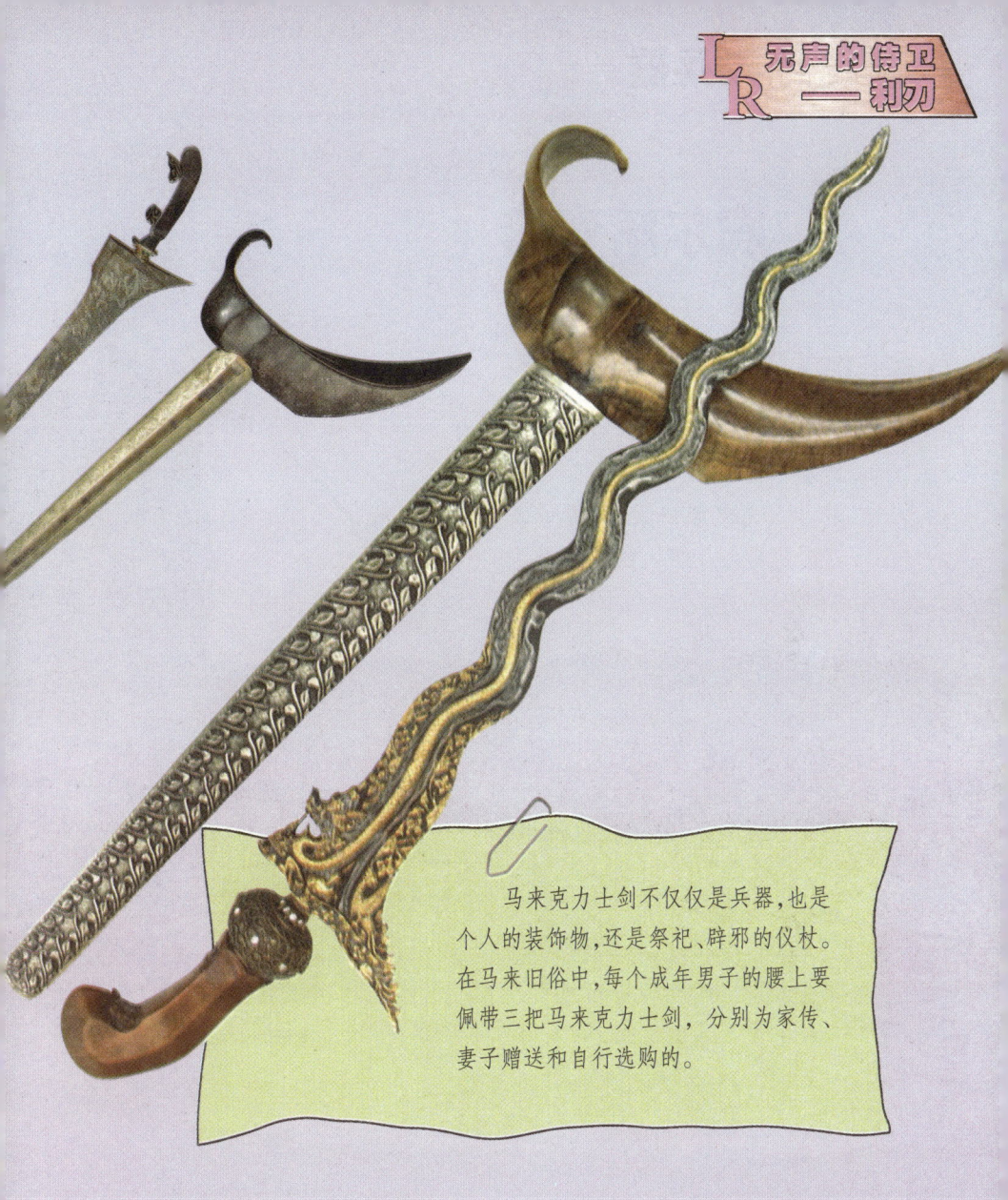

> 马来克力士剑不仅仅是兵器,也是个人的装饰物,还是祭祀、辟邪的仪杖。在马来旧俗中,每个成年男子的腰上要佩带三把马来克力士剑,分别为家传、妻子赠送和自行选购的。

蛇形马来克力士剑

马来克力士剑分为直形和蛇形两种,其中蛇形马来克力士剑特点鲜明,刀身上的夹层钢有六百多层,制造极为精细,而刀刃则是由陨铁锻打成的花纹刃,精美绝伦。

解密经典兵器

廓尔喀弯刀

廓尔喀弯刀在抡砍的时候所有力量都集中在刀前部,这与斧子的用力方式非常相似,廓尔喀弯刀因此具备了惊人的杀伤力。

战斗英雄

在喜马拉雅山区的尼泊尔等地,有一个令人生畏的雇佣军团,它就是廓尔喀军团。廓尔喀人一向以勇猛著称,他们所使用的廓尔喀弯刀,锋利无比。在数次反殖民战斗中,廓尔喀人用它树立了英勇顽强的威名。

无声的侍卫——利刃

科普课堂

如今,廓尔喀弯刀最大的价值在于收藏,其刀背上刻有尼泊尔古代王宫的图案,刀柄和刀鞘做工考究、装饰精美,不失为尼泊尔民族的艺术精品,也不愧为尼泊尔的国刀。

设计特点

廓尔喀弯刀头重脚轻,前宽后窄,刀身的形状很像狗腿,所以又名"狗腿刀"。刀刃底部有"V"形凹痕,这一设计的目的是在砍杀敌人后导流鲜血,以免玷污刀柄。

机密档案

名称:廓尔喀弯刀
生产商:尼泊尔刀匠
类型:收藏刀
常用工艺:表面黑色涂层处理
品质:挥砍有力、攻击力惊人

解密经典兵器

罗马短剑

军事地位

在罗马帝国漫长的统治过程中，罗马短剑一直是罗马军队的标准装备。它是一种以刺击动作为主的短剑，两侧皆有刃，使用灵活方便。作为兵器，恐怕很少有哪一种能像罗马短剑一样在人类历史上占如此重要的地位。

"征服世界之剑"

因为强大的攻击能力和出色的战场表现，罗马短剑曾被称为"征服世界之剑"，足见当时人们对罗马短剑的敬畏之情。

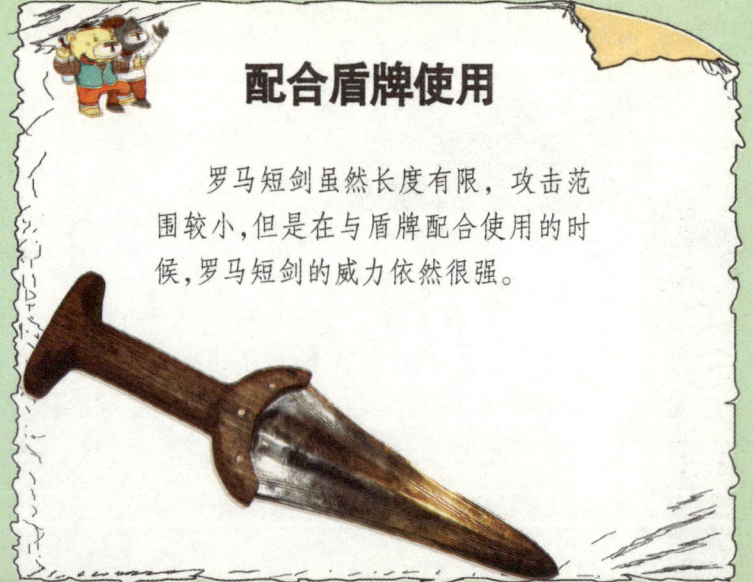

配合盾牌使用

罗马短剑虽然长度有限，攻击范围较小，但是在与盾牌配合使用的时候，罗马短剑的威力依然很强。

无声的侍卫——利刃

重要地位

作为一把剑来说,恐怕很少有哪一种能像罗马短剑一样在人类历史上占有重要地位的了。它对欧洲文化产生了深远的影响,成为欧美军刀的源流。在两次世界大战中,人们都能够看到由罗马短剑衍生而来的刀具。

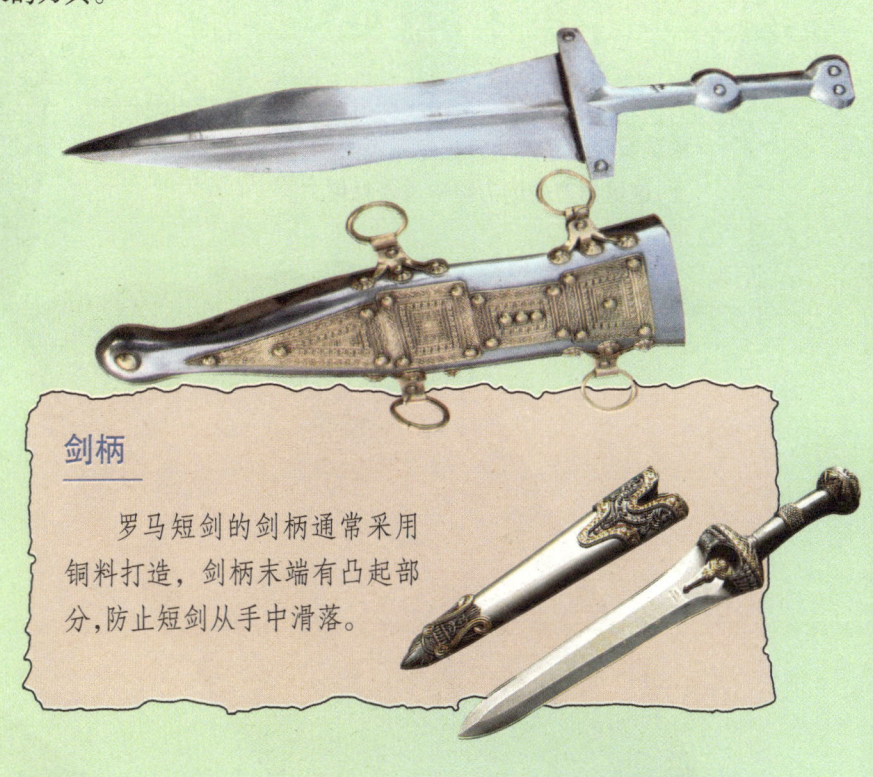

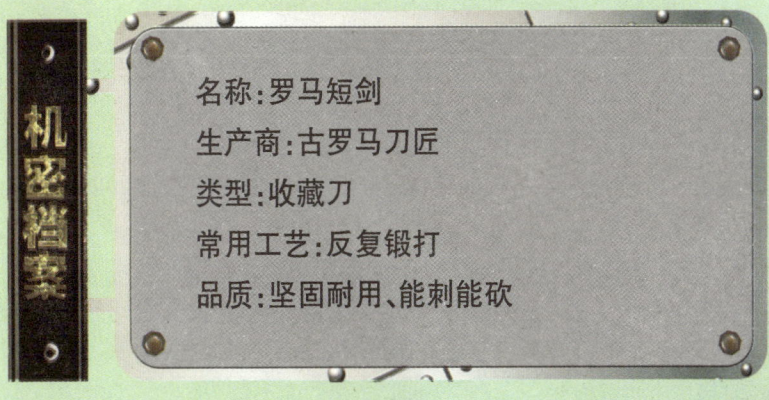

剑柄

罗马短剑的剑柄通常采用铜料打造,剑柄末端有凸起部分,防止短剑从手中滑落。

机密档案

名称:罗马短剑
生产商:古罗马刀匠
类型:收藏刀
常用工艺:反复锻打
品质:坚固耐用、能刺能砍

解密经典兵器

索林根刀

诞生

16世纪初期,德国北部小城索林根凭借当地特产的稀有金属矿产生产出了不锈钢,并开始涉足刀剑制造业,这里出产的钢刀被称为索林根刀。

无声的侍卫——利刃

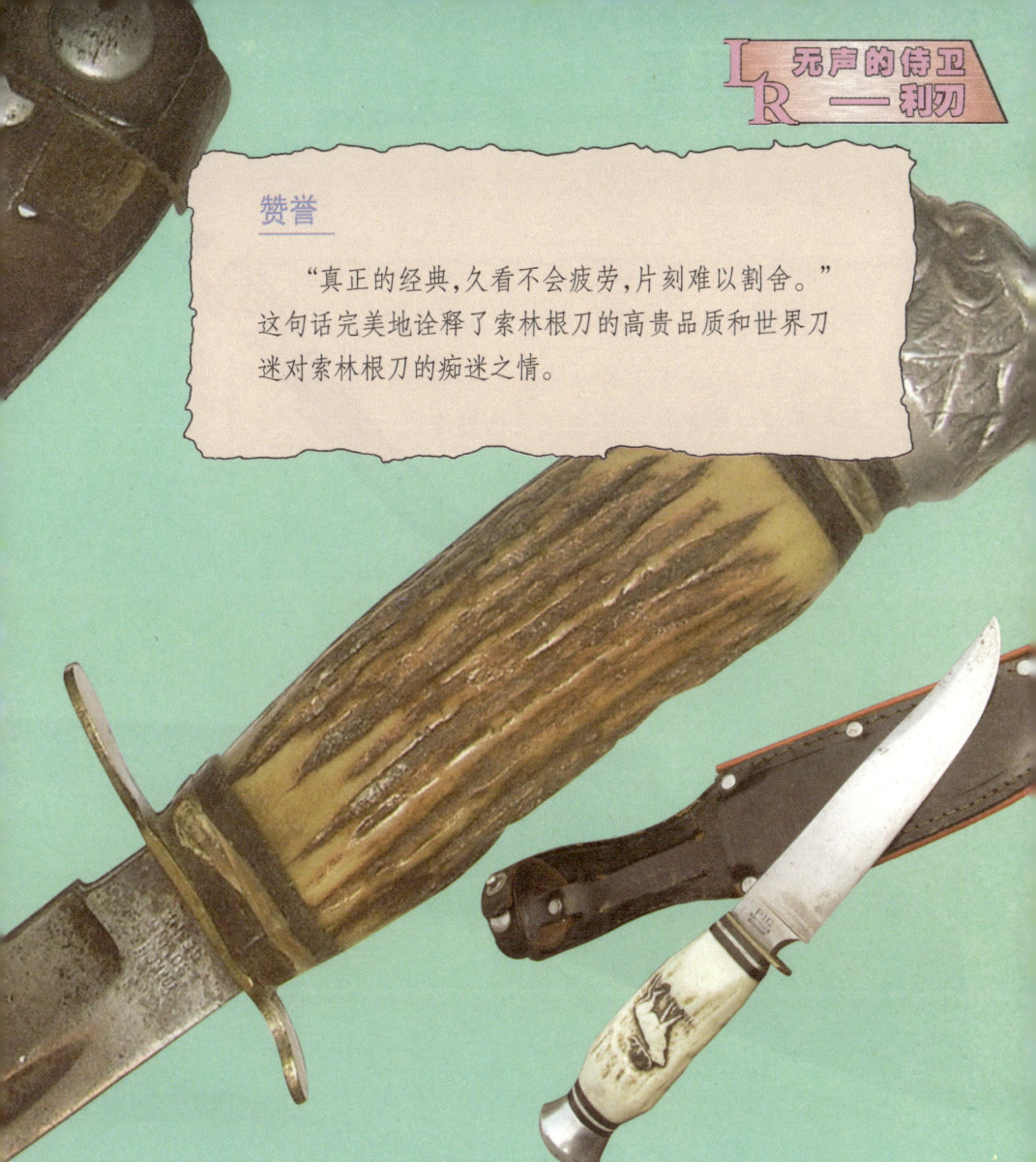

赞誉

"真正的经典,久看不会疲劳,片刻难以割舍。"这句话完美地诠释了索林根刀的高贵品质和世界刀迷对索林根刀的痴迷之情。

性能特点

索林根刀外形朴实无华,刀匠们在打造刀具的时候,将更多的心思放在了实用性上,因此索林根刀刚一问世,便凭借可靠性和耐用性广受好评。弧线形刀尖可在刺击的时候发挥巨大威力,刀刃异常锋利而且具有很好的耐磨性,而刀柄轻便坚固,长时间使用也不会疲劳。

解密经典兵器

手工打造

纯手工打造出来的索林根刀永远都是高贵品质的象征。早期的索林根刀依靠溪水流动的力量研磨开刃,这样的刀刃异常锋利,而且耐磨损。

刀具名城

位于德国北莱茵-威斯特法伦州的索林根小城所生产的每一把刀都凝聚着日耳曼民族的创新精神和严谨态度,这座小城也因为性能出色的索林根刀而成为世界公认的刀具名城。

无声的侍卫——利刃

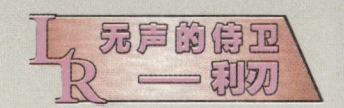

设计风格

　　每一把索林根刀都完全按照人体工程学设计,最大限度地保证使用者在使用刀具过程中的舒适性,而严谨的制造工艺,又赋予了索林根刀无与伦比的性能,这也造就了索林根刀简约大方、充满艺术性而不花哨的风格。

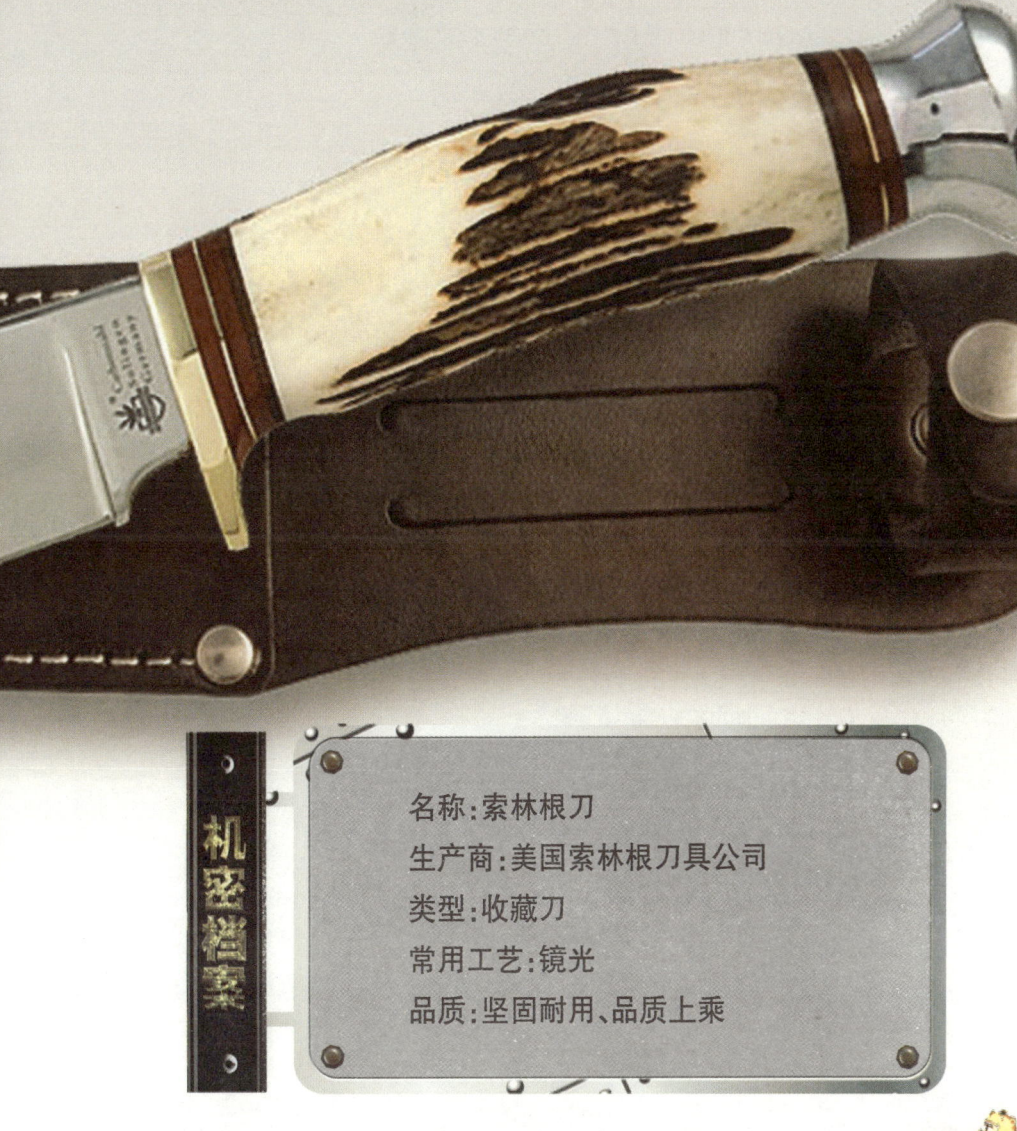

机密档案

名称:索林根刀

生产商:美国索林根刀具公司

类型:收藏刀

常用工艺:镜光

品质:坚固耐用、品质上乘

图书在版编目(CIP)数据

无声的侍卫：利刃 / 崔钟雷主编. -- 长春：吉林美术出版社，2013.9（2022.9重印）

（解密经典兵器）

ISBN 978-7-5386-7903-8

Ⅰ. ①无… Ⅱ. ①崔… Ⅲ. ①冷兵器 - 世界 - 儿童读物 Ⅳ. ①E922.8-49

中国版本图书馆 CIP 数据核字（2013）第 225139 号

无声的侍卫：利刃
WUSHENG DE SHIWEI: LIREN

主　　编	崔钟雷
副 主 编	王丽萍　张文光　翟羽朦
出 版 人	赵国强
责任编辑	栾　云
开　　本	889mm×1194mm　1/16
字　　数	100 千字
印　　张	7
版　　次	2013 年 9 月第 1 版
印　　次	2022 年 9 月第 3 次印刷

出版发行	吉林美术出版社
地　　址	长春市净月开发区福祉大路5788号
	邮编：130118
网　　址	www.jlmspress.com
印　　刷	北京一鑫印务有限责任公司

ISBN 978-7-5386-7903-8　　定价：38.00 元